職場
認真
30

創業

真希望有人告訴我的事

成功連續創業家的
遇事心態×工作方法×資金籌募

THE Entrepreneurial BRAIN

How to Ride the Waves of
Entrepreneurship and Live to Tell About It

Jeff Hays
傑夫・海斯——著
陳重亨——譯

國內、外創業家、企業家好評推薦

千萬別覺得只有老闆才需要看這本書！其實人與公司，在本質上有許多相似的地方：都會生老病死；規模都可大可小；運作時都可能是單兵作戰也可能是呼朋引伴；資源都可能很豐沛也可能極度匱乏。因此，能用在改善公司營運的「術」與「道」，自然也能用在一般人的身上。身為連續創業家，作者介紹了許多經典的案例與精闢的解說。看完這本書後，我覺得它對我的人格完滿、婚姻幸福、工作精進等方面都有很大的幫助，非常推薦你一讀！

——姚侑廷　姚侑廷的自學筆記粉專版主

這本書真實地呈現創業可能會遇到的各種風險及難關，很多避都避不掉；如果看完還沒被勸退，那你非常適合創業！

——顧家祈　連續創業家

這是一本創業者的心態指南，將書中提到各種問題先思考過一次，幫助你創業路上將能避開許多陷阱、少走彎路。

——許繼元　Mr.Market 市場先生／財經作家

所有偉大的成就，都是先從強大的內心開始的。此書從心態設定，到必備的工作技能指導，論述都相當精準到位！

——愛瑞克　《內在原力》系列作者／TMBA共同創辦人

創業是一條充滿荊棘的道路，但也是自我成長最快的捷徑。作者在書中分享了自身的創業經驗和心得，為讀者提供了寶貴的借鑒。無論你是準備創業的菜鳥，還是正在創業路上的探索者，這本書都能為你指明方向，助你事半功倍。

——王東明　口語表達專家／企業講師

這本書道出了我創業近十五年的心得和痛楚。尤其是第二章的悖論說，其中的論點與我一直推崇的「放棄比堅持還難」不謀而合。這本書非常適合想創業或正在創業的甘苦人尋求同溫層的慰藉，以及暫停一下，重新整理混亂的自己，再次出發享受更多痛苦。

——TK Chen　FANS-I音樂科技公司創辦人

人生最大的財富就是過去失敗的經驗，而創業本身失敗率極高，閱讀作者的建議使我們走向正確的方向。

——鄭俊德　閱讀人社群主編

《創業真希望有人告訴我的事》對於具創造力卻又充滿矛盾衝突的創業大腦進行精采探索，幫助大家實現商業和生活上的成功。傑夫．海斯這本成功企業家的基本指南寫得很成功。

——JJ Virgin　營養與健身專家、四本《紐約時報》暢銷書作者

思考快速的人為什麼光說不練？明明看透大局、面向遠方的領導者，為什麼難以大開大闔開闊格局？在商業上和生活上如何充分利用創業大腦的創造力？傑夫．海斯深入探索創業大腦的優勢與弱點，為各位開展令人著迷又充滿矛盾悖論的探索歷程。

——Sally Hogshead　《紐約時報》暢銷書作者

任何有志於創業或正在建立事業的人，這本《創業真希望有人告訴我的事》都是必備讀物。本書內容全面，提供獨到精采見解，令人印象深刻，絕對是社區、企業、學術圖書館、商業及企業家的重要書目。對於研習企管碩士的學生、企業家、企業高級主管、商業經理人和一般普通讀者，本書值得一讀。

——Midwest Book Review

一本針對創業家和企業家的商業和生活操作指南終於出版了！傑夫．海斯在《創業真希望有人告訴我的事》為創業家分享許多提升效率的寶貴務實建議。這本書討論的主題涵蓋一切，包括：你的資金、你的人脈經營和你的理智運用等等。我大力推薦這本書給任何想要了解創業家思想的

人，或任何想要改善或擴展自己能力的企業家。

——Joe Polish　Genius Network 創辦人

如果你想知道怎麼從失敗創造成果，從人際關係創造價值，利用自己的創造力發展事業，那麼《創業真希望有人告訴我的事》這本書正適合你！傑夫．海斯將他從商業界及精神導師那裡學會的一切，教你掌握創業思維。這不只是一本一般的書，它本身就是成功的指南。

——Garrett Gunderson　《華爾街日報》個人理財暢銷書作者

《創業真希望有人告訴我的事》分享了成功企業家傑夫．海斯的反直覺才華，向各位展示如何有效、有力地運用天賦，甚至是那些你可能沒有意識到的天賦。

——Naomi Whittel　《紐約時報》暢銷書作家

《創業真希望有人告訴我的事》不只會讓你著迷，也會在你餘生中一次又一次為你帶來回報。

——Patrick Gentempo　Action Potential Holdings 執行長

這本非凡的著作向你展示創業家如何承擔巨大風險以獲取回報，同時如何避開代價高昂的錯誤，以免失敗而失去一切。

——Kellyann Petrucci 博士　《紐約時報》暢銷書作者

目次

銷售貨品會更加容易。行銷活動做到最好時，其效應可不只如此，而是會自行帶動銷售的擴大

第八章　銷售技巧　161

能做成買賣當然是最好，但碰上那些無法做出決定的客人也很有意思。這時候不要跟他們爭論，也不要嘗試說服他們。你只要撣去鞋上灰塵，然後繼續走向隔壁就好。因為最重要的就是保持推銷者的態度：我自己要先把持得定

第九章　人性因素　173

創業家都有一些獨特的個性，這些個性可能會造成他們很難跟別人共事。能否克服這一點就是生存的關鍵，是企業成長的關鍵，也是你的團隊會不會一次又一次內爆的關鍵。這一部分如果能做對，其他事情就算都做錯了也沒關係

第十章　充實工具箱　201

好好思考這次應該使用哪一套呢？要換個方式嗎？有時你會發現一些讓你驚訝的選擇。但我還要提醒各位的是，一旦我們選擇了一項工具，就要全力投入。結果不如預期時，才改變策略，另外換一套工具

第十一章　籌募資金　233

身為創業家，籌募資金是你必定要掌握的重點，光是這套技能，就可以推動任何你想成就的事業。然而，許多人都很難做到這一點，他們問錯問題、看錯重點，甚至把籌募資

金這種事外包給他人

第十二章　群眾募資　257

你透過臉書廣告，可以找到想要的社群嗎？你可以做一個特定主題的測驗，利用它來糾集臉書上你要尋找的社群，這則廣告大概會以每人五毛錢的成本來建立一份名單。不管我們採取什麼方式募資籌款，都要在活動開始之前收集名單

第十三章　玩更大的遊戲　277

你如果只是想讓企業規模加倍，找出優化的方法就可以了。但若想直接擴大十倍，就不可能只是按部就班進行優化。因此，要解決這個問題，你要有完全不同的思考方式

第十四章　迷宮導航　291

你如果身處迷宮之際，也會一直兜圈子，一個接一個的轉角，轉到自己不知身在何處，等到停下來時，才發現自己進入了死胡同。然後必須退回原路，重新開始。就是這樣一次又一次、一回又一回

結論　305

中英名詞對照表　309

導言

各位要花時間閱讀我這本書，應該先知道我喜歡一些觸及思想本質的名言警句。我個人在筆記本裡頭收集了不少，本書的每一章我會在開頭跟大家分享一句與討論題旨相關的名言。其中有些是我自己原創，但大部分都是向外借來引用的；我會儘量標示原作者。現在就跟各位分享第一句：「一個健康的人可以有一千個夢想。但缺乏健康的人就只有一個夢想。」

二〇〇五年二月，我在猶他大學大衛・艾克斯商學院跟企管碩士班的學生討論創業精神。有一位學生問我創業精神是否可以教導。

「可以啊！」我說：「只是要教給創業家。」

我這麼說是什麼意思呢？因為創業家與眾不同，跟大家都不一樣。我們處理資訊的方式，讓我們的思考和行為跟大家頗有差異。我們擁有巨大能量、動力、創意和信心。

我們樂觀，到處都會看到機會，並且能夠迅速把握、利用機會。這既是生命帶來的禮物，也是一種負擔，既是優勢，又是缺點，因為這表示我們要投入許多精神、精力與時間，也要押下很高的賭注。

這也表示，學習充分利用自己的優勢，同時管理自己的弱點，不只是關係到經濟上的成功與失敗，連你整個人生的健康與幸福都押在上頭，稍有疏忽就有危險。我會知道這一點，是因為我經歷過慘痛的經驗和教訓。而這正是我寫這本書最重要的原因。

我以前跟愛德華·「納德」·哈洛威醫生談過，他是精神病理學家，在注意力不足過動症方面是位權威專家，他很清楚地說明其中的利害關係。「這有點像你大腦裡有顆法拉利引擎，」他說，「你的大腦擁有一輛馬力強大的賽車。你這樣是很幸運的。你那裡擁有一顆馬力強大的引擎，但只有腳踏車的煞車能力……。」

「沒有煞車的法拉利非常危險，有煞車的法拉利才能贏得比賽。」

我這輩子都知道自己與眾不同，不過一直到幾年前做過科爾貝指數人格評鑑之後，才知道自己有多麼不同。這項測試有四個類別，其中一項叫「快速啟動」，這是衡量你評估和承受風險，以及決定前進的速度。創業家在這一方面的得分總是很高，通常會有七分、八分或九分。滿分十分是鳳毛麟角，但我就是那個得到滿分的人。不過這也不是什麼值得吹噓的事，反而是行為趨近極端的表現。

在「追蹤進度」方面，我只得到二分。也就是說，我很擅長啟動專案，但要持續努力，直到完成就很不行。這幾乎就是創業家的共同特質。

當然，我們跟大家不一樣的地方也不只有這些而已。

我們的不同之處

創業家對事情會一下子感到非常興奮，但很快又失去興趣，且注意力會轉移到其他事物。我們這種人很容易分心。有些人會同時閱讀好幾本書，就像我們從這個商業想法跳到下一個商業想法一樣，一下子看這一本，一下子又看那一本。也有的人是根本不讀書。我注意到創業家還有一件事：很多創業家竟然有閱讀困難（dyslexic）的毛病，而且數量之多，令人驚訝。

我們的創業大腦充滿動力。我們擅長創辦企業，但大家也知道我們很擅長在內部把企業搞垮。之所以如此，是因為我們創意無限，對於展現動能的需求無窮，不趕快找點新鮮事就會感到無聊。我們常常鼓勵團隊半途放棄一些還沒完成的專案，同時又興匆匆地想要開始下一個專案。這樣一來，如果不留意的話，我們可能到處創辦各種事業，一旦有人趁虛而入、挪用點子，就馬上會失去企業，遭遇失敗。

創業家往往很愛說話。說話就是我們處理資訊的方式。我們大聲說出一些事情，自己的耳朵聽到這些資訊，大腦又會重新處理一次。如此一來，要學會什麼就容易多了。我年輕的時候就說過：「我如果沒聽到自己在說什麼，怎麼會知道自己覺得怎樣？」大家聽我這麼說都笑了，但我不是在說笑話。

我們在縱觀全局方面擁有驚人的能力，但在追蹤細節方面卻很糟糕。我們常常光是在腦袋裡思索，就能解決複雜的數學問題，但無法說清楚我們是怎麼辦到的。幸運的是，在腦中快速做數學運算的能力，於商業世界是項優點。有一位為我工作五年的控制員，最喜歡設定一些運算複雜的電子表格。如果其中有哪個出問題，我馬上就能看得出來。但我無法告訴他錯誤出在哪裡，只是很肯定地說這裡有些什麼不對勁。這種能力也不代表我比別人更聰明，只是處理數字的速度比別人更快而已。

這往往與創業家所具備的另一項共同點有關：我們在學校常常過得不太如意。

現在的公立學校制度，是一九〇〇年代初期由卡內基和洛克菲勒等企業富豪家族資助設計而成。他們讓大家受教育的目標，是為日後進入工廠工作做準備。一直到現在，我們的學校體系還是反映出這一點。擔任教師的人，在科爾貝測驗的「追蹤進度」方面，通常評分很高，但在「快速啟動」這項則得分很低。他們比較注重細節，也希望學生同樣小心謹慎。在這種教育過程中不重視創造力，也不鼓勵宏觀思考。他們只鼓勵學生安安靜靜地坐著，集中注意力，記住一些事實和數字，把正確數字填進正確的框子裡頭，能夠完成並拿出一些作品。

從老師的立場來看，我們這些人就像是壞掉了啦！雖然事實並非如此。我們只是大腦完全不一樣嘛。對於一個具備創業頭腦的孩子來說，這樣的教育可能會帶來毀滅性的結果。我本身連高中都沒念完。當時我覺得自己有問題，但其實只是不適合學校的教育體系罷了。

比爾．蓋茲大學也沒念完啊。著名的創業投資家彼得．蒂爾就創辦一個基金會，讓那些進不了大學的人也能得到一些真正的教育。

喀麥隆．哈羅德是營運長聯盟的創辦人，也是數百家指數級成長企業的負責人，其中包括一家叫做「1-800-GOT-JUNK?」的公司。他的智商很高，但在校時也是龍困淺灘，非常不如意。

「我們社區或社會的子集合連結方式都不太一樣，」哈羅德跟我說，「這裡頭有一些具備創業精神的非常之人，就是個異類，大家都認為有百分之三到四的人是冒險家，他們瘋瘋癲癲、跳脫約束，不能安安靜靜地坐著，喜歡四處亂跑。對老師、學校體系和醫學界來說，我們好像都有點瘋狂。這些人認為我們都有問題，而且常常想使用藥物治療我們。其實我們根本沒問題嘛，只是不像他們那樣而已。」

我們何去何從

具備創業大腦的人會覺得一些規則不適用於他們。每次聽到有人說不能做這個、不能做那個，比方不該一下子就想創業，而是好好去念完大學，然後找份朝九晚五的工作才實在，像這種話我們通常也聽不進去。

相信自己與眾不同，會鼓勵我們跳過那些傳統的成功之路，因此繼續前進就能完成非凡之事。這是這項特質的正面。但不幸的是，認為自己不受規則拘束的想法，也常常是誤蹈法網、最後鋃鐺入獄的原因。我們美國的監獄裡頭，就擠滿了許多具有創業頭腦的人。企業家也許不必進學校就能成功，但要是連道德標準、價值觀和適當的指導都沒有，我們還是無法成功。

我們是法拉利跑車，但如果不學會煞車，遲早要撞車。

這到底是什麼意思呢？有一個原因是，我們既擅長賺錢，也很會賠錢。一九九八年，避險基金經理人、企業家兼創業投資家詹姆斯．阿圖徹以大約一千五百萬美元出售他的第一家公司 Reset Inc.。結果才三年半，他的銀行帳戶連一百五十美元都不到。但這也不會讓他感到氣餒。之後他又創辦了投資網站 StockPickr，這是以財經新聞及分析為主題的社群網站，二〇〇七年又以一千萬美元的價格出售。但在這趟交易短短幾年後，他又再次破產。他就是這樣一家公司開過一家公司，成功了又失敗，一直走在承擔高風險和極度自信的鋼絲上過日子。每次跌倒後又會自己站起來。《富比士》以前有篇文章說他是世界上最有趣的人，這句話的意思可說是五味雜陳。幸運的是，隨著時間過去，詹姆斯也逐漸學會控制自己那種大起大落的傾向。稍後我還會跟各位分享更多他的經驗和智慧。

作為企業家，我們對選擇的看法與他人不同。雷．克羅克是把麥當勞打造成現今全球連鎖店的企業家，但他也未必因此而總是受到讚揚。在電影《速食遊戲》（The Founder）中，克羅克被描述成一位欺騙麥當勞兄弟的人。就像電影所說的那樣，當時的麥當勞兄弟更關心的是餐飲的品質而不是追求企業成長。但克羅克認為，只要稍微降低品質，販賣用速食粉末製成的奶昔，就能迅速擴大業務。在這部電影裡頭，克羅克被塑造成故事中的反派角色。但我不認為他是個大反派，因為我可以想像自己在他的處境之中，也會做出同樣的選擇。

順便說一句，我對自己的反應其實也挺尷尬的，這有點像觀賞電視影集《黑道家族》，發現自己最喜歡的角色竟然是家族中的黑道老大東尼．索普拉諾。但是，如果我看到創辦公司有機會發展成價值數十億美元的大企業，而我的合作夥伴只想安穩地滿足於小小一家公司，我會有什麼反應呢？我會放過這個機會嗎？當然不會！所以我不認為麥當勞成功發展的故事中有誰是壞蛋。

當然啦，各位要是在沒有煞車的情況大肆飆車，那麼你要面臨的不僅僅是金錢損失而已。二〇一五年，血液檢測新創企業 Theranos 的執行長伊莉莎白・霍姆斯曾被譽為美國最年輕也最富有的女性億萬富豪。結果二〇一八年，大家發現她因詐欺投資人受到刑事指控，最終雖然達成和解，但須支付五十萬美元的罰款，歸還公司數百萬股的股票，也同意放棄對公司的控制權。那家 Theranos 如今早就不在了。霍姆斯具備許多成功企業家的典型特徵：她從史丹佛大學中退沒念完，她有遠見也不聽人勸阻，不斷向前邁進。她原先並不打算詐欺。不幸的是，她的願景在當時的技術不可能實現。但她的創業大腦拒絕因此而中止，反而向她保證一定可以解決問題。她原本是想做一些讓人感到驚奇的事情，結果自己走向崩潰，她的公司也崩潰了。

對一顆欠缺煞車系統的創業大腦來說，就算到達成功巔峰，也可能帶來悲劇。謝家華因是網路零售平台 Zappos 的領導者而成為傳奇人物，後來這個販售鞋類與服飾的網路平台，以超過十億美元的價格賣給亞馬遜。他擅長鼓舞人心，也以員工和客戶做為核心價值，成功經營企業，受到許多人的讚譽。他寫過傳達企業文化的暢銷書叫《想好了就豁出去》。對每個人來說，他在籠絡人心方面真是一位大師，除了對他自己。他的一些特質使他在商業取得成功，卻也讓他做出自我毀滅的行為：酗酒、吸毒和暴飲暴食。

離開自己創業的 Zappos 之後，謝家華在二〇二〇年因事故去世，享年僅四十六歲。在經歷《華爾街日報》描述的「螺旋式暴落」後六個月，他在住屋火災中喪命。

這些具備創業頭腦的人都有能力成就偉大事業。如果可以的話，我也不會放棄我的事業。但光靠自己的能力並不能保證成功，也不會注定要失敗。各位如果擁有創業頭腦，就是擁有一種天份，但要充分利用這種天賦是需要一些幫忙的。

認識我的導師 大衛．尼莫卡

各位繼續看下去，要知道的另一件事情是：我在這本書的描述過程中，希望大家先認識我最偉大的導師，大衛．尼莫卡。書中的每一章都有一則他展現智慧的故事。有些故事跟章節內容相關，有些看似沒關係，但整本看下來就能看出一幅圖像。等到這本書的最後，我要告訴各位關於他的故事，必定會讓大家感到驚訝。現在先不管那些。我要先告訴大家，我們是這樣認識的：

當時我跟我太太擁有六個孩子，其中一個正處於癌症末期。我們以為那是他生命中的最後一年。那時候我們住在達拉斯，決定在冬天休假搬去猶他州帕克城度過滑雪季節。我們租了一間房子，拿到了滑雪通行證，也讓孩子們在那裡上學，準備一家人一起過冬。

那時候街對面的鄰居約翰．休利特過來自我介紹，後來成為我的終身好友。當他了解我正在面臨的一切時，約翰跟說：「我要向你介紹大衛．尼莫卡，他是我所認識中最好的父親、長輩。」

所以我就打電話過去希望跟他見一面。

「我的時間都被訂滿了，完全沒多餘的時間，」大衛跟我說，「不過你要是今晚十點三十分過來這裡，我會撥點睡眠時間給你。」

大衛跟我距離九十分鐘車程，住在猶他州梅普頓的山腳下一棟兩萬平方英尺的豪宅。我到達的時候，他還在打電話討論工作，所以我等到了十一點，他才給了我二小時的會面時間。

他先花一小時來了解我。「先告訴我關於你家庭的狀況吧！」他說。在我們交談的時候，我發現他使用的是一種建立融洽關係的老「形式」：跟我談的都是關於家庭、職業、娛樂和婚姻等話題。

然後，他開始跟我談到撫養孩子的事情。他有二個兒子就讀華頓商學院

（賓州大學），還有一個女兒在楊百翰大學修習法律，另有一個兒子已經在當律師，還有一個孩子在芝加哥大學畢業獲得企業管理碩士學位。大衛曾經擔任社工人員和州議員，他會帶一些吸毒的孩子回家，幫助他們擺脫毒癮。他是位真正了不起的父親。

從那天晚上開始，我每兩週會去拜訪大衛一次，一直持續了六個月。他後來漸漸成為我的導師，也是我大部分事業的重要投資者，這一切都是從他撥給我二小時睡眠時間開始的。

啟程出發

我十歲的時候就開始推銷賣植物種子，這些種子是我看《男孩生活》雜誌（後來更名為《童子軍生活》）封底廣告買來的，這份銷售工作很快讓我知道毛利和淨利的區別。十二歲的時候我開始送報紙。後來我跟一個搖滾樂團四處流浪了幾年，到十八歲時開始挨家挨戶推銷百科全書。接下來我也是用同樣方式推銷隔間壁板。二十五歲的時候，我自己創辦直銷企業，販售軟水器；二十八歲時又創辦一家經紀公司。到了三十六歲時，我自己創辦電影公司，此後就是將一些創業點子帶進紀錄片製作。我曾經賺了幾百萬美元又賠了幾百萬美元，在這個過程中，我用我的創業頭腦學到許多關於生活的知識，也吸收到許多教訓，很高興現在能跟大家一起分享。

在本書的第一部分，我要跟大家介紹企業家為了生存所需要發展的心態。我說「生存」可不是在開玩笑：各位要是不知道自己一路走來，何以到達現在的處境，不能好好管理生活的話，你的金錢、人際關係、心智狀態，甚至連你自己的生命都會有危險。

第二部分是關於戰術與策略，介紹一些各位能在商場上運用的實用工具，獲得超乎你想像的大成功，同時避開一路上大大小小的陷阱。我經歷過一些慘痛教訓才了解這些陷阱，我的創業大腦一次又一次把我推下懸崖。失敗也是我最偉大的老師，它讓我明白如何運用大腦工作，以及如何跟他人合作。我的目標就是幫助各位撐過各種起起落落的考驗，保護自己，避免受到一些挫折。

我們美國就是從企業家開始的。他們登上船舶，橫跨海洋，在未知的領域展開全新的生活，凡此種種都需要高度的風險承受能力。美國許多開國元勳常常表現出擁有創意大腦的行為。他們具備高度的風險承受能力和壯闊恢宏的想像，並且抱持非常樂觀的態度。我們要為此感謝老天，因為當初要是沒有這些綜合特質的大人物，永遠不會有勇氣奮起對抗英國人，從頭開始建立新國家。這些特徵也遺傳給第一代美國人，他們不滿足於留在東岸家鄉為他人工作。為了尋找機會，他們群起向西遷移，有些人成為鐵匠、開小店當老闆或經營牧場。這些都是白手起家的商人，也就是創業主和企業家。

這個世界需要各種頭腦的人。因為我擅長關注大局，所以我旁邊就需要一些注重細節的人一起搭配才會成功。如果我是個擅長思考的人，那麼我身邊就需要一些行動派的人。這本書不是要討論注重細節和行動派的書，不過我也會談到這些人，幫助他們更深入了解像我這種創業大腦的人是怎麼想又怎麼做的。

各位如果也有創業大腦，你絕對不是壞掉了。不但完全沒壞，而且是深具創造力、獨一無二的天賦異稟。你就是個創業者，在正確的幫助下可以變為成功的企業家。我相信現在正是成為企業家的最好時機，因為我們這種個性的重要關鍵之一，就是我們的創造力，而過去從來不像現在這麼重視創意。我根據經驗學到的知識，作為各位的導師，提供見解，就像大衛・尼莫卡和各位在本書中會認識的一些人那樣，對我提供指導和幫助。

現在讓我們開始吧！

第一部／心態設定

第一章
失敗是我們不可避免的伴侶

你創業如果不賺錢，最好也能學到一點東西。

（來自傑夫的筆記本）

先說一件關於商業也關於生活的大事，各位都要了解：我們一定都會碰上失敗。失敗是不可避免的。因此，問題不光只是怎麼避免失敗，同時也要學會如何看待失敗，讓失敗不會對你造成更大傷害。我很推崇一種稱為神經語言程式設計（NLP）的治療性學習方法。雖然這套方法有其批評者，但我發現它的核心概念價值包括這一點：我們使用的語言會塑造我們的思考、信念和感受。NLP方法總共有二十七個前提，其中之一是：沒有失敗，只有結果。憑著經驗的累積，我逐漸意識到失敗雖然令人痛苦，但未必就是壞事。各位如果能為失敗的可能性做好準備，學習減輕失敗痛苦的後果，更重要的是吸收失敗帶來的教訓，那麼失敗就完全不是壞事。這些就是本章要討論的內容。

一九九六年十月，我在猶他州峽谷地國家公園的白緣步道連騎三天腳踏車。騎這條小路已經成為我家孩子們的成年儀式。一旦他們滿十二歲，就有資格跟大家一起參加這趟一百六十公里的單車行程，我們還會帶著拖車裝載晚上露營所需的糧食、飲水和其他一些裝備。

這裡的峽谷、拱門和光滑岩石非常漂亮，遠近馳名。但那次行程我卻一點也感受不到，因為我心已碎，根本無法享受山中美景。九月一日我太太說她要離婚。才短短十七天之後，根據猶他州的一項新法律，在沒有財務或財產糾紛的情況下提出離婚，即可獲得最終確認，我一下子成了一個單親爸爸。

在那趟峽谷地騎行的中途，我自己一個人騎在平坦光滑的岩石上，從各個角度都能觀賞到令人驚嘆的美景，但這時候的我竟然是被一個絕妙的商業點子所震驚。我停下車來，自己一人蹦上跳下，大喊大叫。那一刻的靈感催生出一家叫做「Talk2科技」的公司，這是利用當時最新穎的病毒式行銷概念，創辦世界上第一個網路語音入口網站。我想當年那趟自行車之旅，可說是價值十億美元之鉅。

接下來的六個月是我人生最艱難的時刻。我的兒子查理在一九九七年一月去世。三個月後我爸爸也走了，又因為稅務預扣款欠了二百萬美元。這麼一搞，我失去房子和好幾輛車子，徹底破產。那時候的我可說是經濟上和情感上都一敗塗地被擊倒。但我還是有一個價值十億美元的商業點子啊！除了我的孩子之外，這是唯一讓我堅持下去的原動力。

我鼓起如簧之舌向我的導師大衛・尼莫卡說明，他後來同意投資我十萬美元。我也聽取他的建議，繼續引進另外三個合夥人，把這家叫做「Talk2 科技」公司的剩餘股份分成四等份。我們為這個「病毒行銷」的想法申請專利，繼續運用語音識別技術建立第一個網路語音入口網站，這東西就像今天常見的蘋果「Siri」和亞馬遜「Alexa」助理一樣。

一九九〇年代正是網路創業的大熱潮，我們為公司籌募到七千五百萬美元。有一次我們花了十萬美元在《華爾街日報》上刊登一整版廣告。廣告文案的第一句是：「親愛的約翰、伯尼和艾德。」「約翰」是指思科系統公司執行長約翰・錢伯斯；「伯尼」是世界通訊公司執行長伯尼・艾伯斯（此君後來因為詐騙投資人被判處二十五年徒刑，服刑十三年）；而「艾德」則是昇揚電腦公司總裁兼營運長愛德華・詹德。廣告接著大概就是說：「嗨，我們正在做一些非常酷的事情，你們也應該參與其中。快打電話過來吧！」

結果大家都打電話過來。甲骨文公司的聯合創辦人賴瑞・艾利森投資入股；惠普電腦和昇陽電腦為了爭取投資展開競價。我們最後選擇了惠普電腦，他們提供一千萬美元的電腦給我們。在我們籌募到七千五百萬美元中，有一千萬美元是用在鹽湖城建造最先進的網路營運中心。

於是我們就上路出發了。至少我們是這麼認為。這段故事我稍後會講完。但現在先讓我分享一則關於大衛的故事，再跟各位分享我面對失敗學到的三個重要教訓。

大衛的智慧 重要的不只是你愛他們……

這是我的導師大衛．尼莫卡的小故事。雖然跟這一章的內容沒有多大關係，但這則故事很感人。

我每次碰到一些親子的問題，都會開車去梅普頓找大衛，看他如何思考這類問題。大衛總是用一些農場和自然的比喻來解釋他的想法。

「傑夫，如果你有一棵樹被風吹彎了，」他說，「你需要綁上木樁一段時間，等它獲得支撐力量。等到樹幹變粗茁壯，就不必再綁了。但是如果它又變彎甚至斷裂，往往會發生在同一個地方。」

當我的繼子戴恩剛上國中時，我經常接到他老師的電話，說他上課時都在睡覺。大衛給我的建議是：陪他一起上課，拉張椅子，坐在他旁邊。萬一他又睡著了，就把他的頭抬起來。

戴恩果然需要這樣試一試。當老師又打電話來，我就開車到學校，拉把椅子坐他旁邊，用手臂摟著讓他保持清醒。幾次之後，他就知道我的用意何在了。

這麼做其實並不是為了讓他上課保持清醒。真正的訊息是：我很愛他，所以會花時間陪他一起上課，雖然這麼做讓他覺得有點丟臉。

「這其實也不只是你愛孩子，」大衛說。「重要的是他們有沒有感覺到被愛。」

保護你的賭注

根據創業家的定義，這些人應該都是樂觀主義者，大多數創業家表現得就好像失敗不是一種選項。這實在是大錯特錯。失敗永遠是一種選項。雖然你一定不想失敗，而且你在研究某個想法時也不應該考慮失敗，但你必須誠實面對自己，了解你要承擔多大風險，為自己可能失敗做好準備。我們必須知道，有很多陷阱是不可避免、一定會碰到的。

所以我常說：沒有人在結婚時會計畫離婚的，但現在一些富有的單身人士通常都會簽訂婚前協議，這是有理由的。因為有一半的婚姻最後都以離婚收場。身為創業家的話，失敗的機會更高。十分之九的新企業會在五年內失敗破產。這就是事實。你早晚都要碰上失敗，而且很可能常常失敗。

如果你老是把所有籌碼都推出去，最後一定會輸掉，每一個籌碼都輸光光。就算你連續中了三次，第四次失敗也會讓你輸個精光。我二十九歲變成千萬富翁，但三十一歲就破產。後來好幾年又賺了幾百萬美元，過幾年後又失去一切。

創業家就是這樣大起大落，讓人望之生畏。伊隆・馬斯克靠第三方支付平台「PayPal」賺到一億美元後，把所有資金投入二項大事業：航太產業「SpaceX」和特斯拉電動車。他有一陣子搞到身無分文，要睡在朋友家的沙發上。幸運的是，特斯拉後來終於度過難關，現在他也成為創業家的典範。但當時特斯拉如果沒有轉虧為盈——不過它到現在也還沒有完全擺脫困境——馬斯克就會被當成商業史上最大的傻瓜之一。他採用的模式非常危險，大多數人要是照著做恐怕都會直接掉進懸崖。

其實這種遊戲還有很多方法可以玩，不必冒著失去一切的風險把一億美元全部押上去，然後賠到你必須睡在朋友家的沙發上。這一切都要看你採用什麼方法而定。

失敗時也要學得教訓

各位要是能秉持「沒有失敗，只有結果」的理念，就可以開始行動，朝向目標前進。要把你在商場上所做的一切，看做是一次測試；萬一失敗了，也可以讓你更加理解其中奧妙。為你的點子謹慎規畫，你最後只有二個結果：要嘛你成功了，不然也要學到一些東西。Google 現在做得非常成功，就是充分利用這門藝術。事實上，這樣的觀念更鼓勵那些失敗的團隊趕快放棄，另謀出路。你的點子要是無法在低成本下運作順利，那就趕快放棄。這會讓你的下一次測試更有可能成功，因為你保留大部分實力和資源。這等於是花點錢買知識，讓你比以前更有價值。

我學到這個方法後，各種大大小小的想法都加以運用。有一次我要促銷一套二千美元的工具，準備利用電郵名單邀請大家來參加我舉辦的免費網路研討會。我在行動前，先打電話請教我當時的商業教練羅傑．漢密爾頓，他是「財富動力」體驗課程的創辦人。

他說：「如果你這樣舉辦網路研討會，萬一失敗了也學不到任何東西。這件事只能當做測試來進行。你不要邀請電郵名單所有的人，只邀請其中一部分就好。然後試試看反應如何。萬一反應不佳，那麼你不算失敗，因為你已經摸清楚一些狀況。」

這種網路研討會如果失敗，可能有十幾種不同的原因。因此需要多方測試，最後才得找到正確結果。如果我沒有採納羅傑的建議，為自己保留一些空間做不同的測試，也就無法逐步修正，找到正確途徑。

網路研討會最後成功促銷，獲得了六位數營收，因為我們最後找對了方向。這樣一步一步慢慢來確實有用。當初如果一次就把整份名單全用上，可能很快就失敗了。我們應該多做幾次小型測試，也能很快承擔失敗。分開承擔一些小失敗，才能避免災難式的一敗塗地。

讓你晚上睡不著

我希望自己能告訴大家，說我押注上桌總是留有一條後路，我所做的一切都是一種測試，從來不會把所有籌碼一次全部推出去。可惜我不能。

大家還記得「Talk2 科技」和我價值十億美元的單車旅程創意吧。我們從創投機構和大型科技公司籌募到七千五百萬美元，用這些錢建立網路語音入口網站。那時正是網路產業爆發性成長的時代；你關起門來，一心一意保守機密，不讓競爭對手嗅到一點蛛絲馬跡，等到時機成熟就像打開閘門，傾瀉而下。

我們有些想法遠遠超越時代，但技術上仍不夠成熟。在這方面，你自己會知道。「打電話給我的律師！」你心裡會說：「打電話給你丈母娘！」最後我們用一千萬美元出售「Talk2 科技」公司。這是一場壯觀的燒錢大戲，投資人都為此付出許多代價。

這樣應該讓我好好上了一課吧？很不幸的是，還沒有。到了二〇〇五年我又創辦另一家領先時代的公司：「Pod 健身」，這是一種可以從蘋果「iPod」下載客製化運動服務的程式。我為公司籌募到二千五百萬美元，其中大部分資金都用來建立一個可以組合音訊檔案的電腦系統，以便每個客戶每天運動時可以選取自己喜愛的音樂做伴。

我們對自己的想法充滿熱情。「Pod 健身」的第一個版本即將發布時，我在《華爾街日報》刊登全國性的整版廣告，然後把這個廣告做成一百八十三公分高的看板送到史蒂夫．賈伯斯的辦公室。上頭標題寫著：「親愛的史蒂夫．賈伯斯，謝謝你的『iPod』。」我在上頭簽了名，又加上以下附註：「你等著看我們用它做什麼，再打電話給我……」最後附上我的手機號碼。我們在上頭也附上產品圖片、網站以及有關我們的服務及定價的一些文案。

第二天，大約有三十位健身業者跟我們聯絡，想跟我們討論合作事宜。還有，蘋果公司的法務部門也跟我們聯絡了，來函要求終止使用「pod」這個字，說他們擁有該字相關權利，並堅持要求我們更改名稱。

我簡直氣炸了！蘋果公司也沒對「pod」這個字申請商標專利，我相信我們完全有權使用這個字。

全國性廣告花了十二萬五千美元，而我發的那頓脾氣，要付出一百萬美元的代價。之後，蘋果公司上法院提告，我們也進行反擊，在法院整整撐過一整年的折磨。在這個過程中，蘋果公司讓我學到跟巨人戰鬥是什麼感覺，我花了一百萬美元學到這個教訓後，也準備好跟蘋果和解，結束訴訟。但蘋果公司想要殺雞儆猴，讓大家看看再用「pod」這個字會有什麼下場。

後來我解雇舊金山的律師事務所，轉而聘請二位比垃圾場的瘋狗還卑鄙的鹽湖城律師。他們開始向蘋果公司提出各種建議，也讓我做好充分準備，所以蘋果律師進城修理我時，都只是小菜一碟。在雙方你來我往時，正好來了一場狂風暴雪，所以我們對戰完畢後，我還開車送他們回飯店。也許是一些法律作為，也許是我的表演，也或許是因為我送他們一程，真正的原因我不知道，幾個月後他們撤回告訴，讓我們不必再上法庭。

這趟訴訟二年後，我們也放棄「pod」這個名字，改用「next」，把我們的產品更名為「Nextfitness」。

到最後，這些都不重要。

直到我們開始銷售產品，才發現一些我覺得最重要的事情：客戶根本不關心提供什麼客製化的運動服務。他們一點都不在乎是否客製化，名字叫「Pod 健身」或是「Nextfitness」對他們來說也不重要。他們只想好好鍛鍊運動一下。結果，我們又走上失敗之路。

有時候星期四晚上我躺在床上，滿身大汗，煩憂難解：「要去哪兒籌錢，明天才能付員工薪水？」到了星期五我們可能還欠十五萬美元的薪水，一直到下午四點才籌到錢。

到了我必須賤價賣出原價二萬七千美元的哈雷重機，只為籌到最後一點員工薪資時，我的人生已然陷入谷底。

常常有人問我：「成為一名成功的創業家需要什麼？」

「你的每一滴血！」我會這麼回答。

但我這麼說是錯的。如果付出你的每一滴血才能取得成功的話，你也不應該這麼做。好幾年前，我的女朋友告訴我：「傑夫，你生活中擁有的一切都是戰鬥得來的。但人生並不是只有戰鬥啊。」她已經去世多年，但她的洞察力仍然讓我深深懷念。這是我學到最有用的一課。人生的一切並不是只有戰鬥啊！當然這也表示並非一切都只是你死我活的戰鬥。

第二章 超越矛盾擁抱悖論

就算你違背意志想做出高尚行為，也必須先變得更加高尚才能做出高尚行為。

（來自傑夫的筆記本）

在這本書的後半部分，我會跟大家分享一些商業策略，其中一半看似自相矛盾的說法，但的確有那種看似矛盾、卻剛好相輔相成的好方法。我已經學到碰上這種矛盾又正確的方法是件好事，並不是壞事。而且我也不是第一個偶然發現這種見解的人。丹麥物理學家、也是二十世紀偉大思想家之一的尼爾斯．玻爾曾經說過：「我們遇到了一個悖論，真是太好了！現在我們有希望獲得進展。」

我的商業夥伴派崔克．葛譚波認為，悖論就是一些為看似矛盾或荒謬、但表達出更高真理的陳述或命題。碰上一些互相否定、在邏輯上不一致的陳述、價值或命題時，不要單純地認為那些只是矛盾。

悖論正是一扇通往超越的大門。矛盾算是一道磚牆，但悖論可以幫助你成長；矛盾讓你變得渺小。一旦你可以接受悖論，就會發現自己處於更高的層次。

我現在說的這些話非常抽象，這是像玻爾那類理論物理學家最喜歡的東西。現在我要把它們帶到現實中向各位展示。

我曾經是麥斯特直效行銷規畫（mastermind）團體成員，這團體由一些成功的網路行銷人員組成，每年聚會四次。這個團體本身就是非常成功的行銷事業的核心，我們發展迅速。大家在聚會上都會分享一些行銷活動的奧妙，討論哪些作法有效、哪些無效，以及大家從裡頭學到些什麼。大約是在他們的銷售額從五千萬美元飆升到一億的過程中，我開始發現他們的建議對我和我的公司不再有用，我們公司的營收才五百萬美元。他們後來都茁壯成長，與我分道揚鑣。一家從五千萬美元成長到一億美元的公司，它要做的事情和五百萬美元成長到一千萬美元公司所需做的事情，其實沒有多大關係，更和那些從零開始成長到一百萬美元的小企業毫無關係。我並不是說他們給我們的建議是錯的，而是說，在那個時間點上，那些建議並不合適。就像我們從紐約開車前往洛杉磯，詢問這段路程有多遠，然後開車到聖路易斯再問前往洛杉磯有多遠，得到的答案一定不一樣。聖路易斯那個人當然不是在說謊，只是他所在的位置不一樣啊。

各位在創業初期，幾乎是要萬事包辦；你如果不這麼做的話，就會失敗。但要是成功創立企業之後，你還是萬事一人包辦的話，那麼你仍然會失敗。這就是一個悖論。然而，隨著公司業務成長和發展，你要擔負的責任也必定跟著改變。（各位可以想像一下，難道要理查．布蘭森自己製造火箭和開飛機嗎？）

接下來我們來談談我學會的一些自相矛盾的原則。

永遠不放棄……除非到了應該放棄的時候

我從小就被教導「放棄就代表失敗」，所以永遠不能放棄。我的人生就是從這種「永不放棄」的哲學出發的。我從十六歲開始，為一個叫做雷暴雲頂的搖滾樂團工作三年。他們在ABC唱片公司發行過一張專輯，然後一直在全美各地巡迴表演。若碰上停電或汽車中途拋錨也不能停止巡演。絕對沒有任何藉口，因為我們就是要上路巡演。

搖滾樂團的工作結束後，我剪掉三十公分長的頭髮，然後到德州魯伯克挨家挨戶推銷百科全書。這份工作只有把書賣出去，才有錢可賺，所以「永不放棄」就是我的座右銘。在工作日期間，我們的銷售經理會在下午五點開著一輛雪佛蘭轎車，載我們到城裡的某個地方，晚上十點再接我們下班。週六和週日通常是輪班休假。外頭不管是傾盆大雨、還是四十度高溫，或是國慶日假期，也都照樣工作。事實上，七月四日國慶日正是每年最重要的熱銷時機。我們知道那一天大家都會在家，而且公司還會支付更高的佣金。

我們那時候碰到不可能的情況，就會有一句暗語：「嗨！夥伴，我們正在執行不惜一切代價的計畫！」而且以之為信念。有一次經理開車送我們去德州的博維納，結果車子變速箱在中途壞掉。但倒車檔還會動。所以他就倒車開進城裡，讓我們下車。當他發現博維納的加油站修車廠下午五點就打烊後，竟然倒車開上高速公路，就這麼一路開到新墨西哥州的克洛維斯，因為那裡時區延後一小時。他在那裡找到一家還在營業的加油站，修好變速箱，到了晚上十點又準時來接我們下班。

這種「不惜一切代價」的理念對我們來說很有效。我挨家挨戶推銷百科全書，後來用它賺的錢買了我的第一輛凱迪拉克。

「永不放棄」的理念也為很多人帶來巨大回報。一九七七年克雷格．博南在加州威爾．羅傑斯州立海灘擔任救生員，救出二名被激流困住的孩子。孩子的父親史都．歐文是美國最成功的電視高級主管，他非常感激克雷格的救命之恩，於是對他說：「如果有什麼我能為你做的，請儘管跟我說。」克雷格因此向他提出，想請電視台製作一部關於他擔任救生員的電視節目，裡頭充滿俊男美女和驚險刺激的救援行動。聽完簡報之後，歐文看著克雷格說：「我必須告訴你，這是我聽過最糟糕的一場簡報！」

但克雷格並不灰心，在接下來的十年內，他一有機會就推銷這個節目，雖然他一次又一次遭到拒絕。格蘭特・廷克原本也是拒絕他的人之一，但在廷克第一次拒絕他的十年之後，克雷格再次站在他面前。當時的廷克已經是美國廣播公司的經營者，而克雷格在簡報方面也大有進步。所以廷克真的接受了這個節目的提案。不過對克雷格來說，很不幸的是這個節目只維持一季就結束了。

那年父親節，克雷格的爸爸到他家。「在父親節，我想要的就是，」他告訴兒子說，「你去找格蘭特・廷克，請他把你的節目賣回給你。」

「爸爸，電視台不是這樣運作的，」克雷格說，「節目賣掉以後，就再也拿不回來啦。」

但他爸爸態度堅決，所以第二天克雷格去找廷克，提出買回節目的想法。廷克走出房間，拿著一些文件回來，跟他說：「你寫一張十美元的支票給我。」

「為什麼？」克雷格問。

「因為我不能免費給你啊！」廷克說。他說得沒錯，交易必須付款才合法。所以克雷格要付點錢來買回節目。

接下來，克雷格用全新手法來促銷《海灘救護隊》。他聘請一個銷售團隊，以聯播方式把節目直接賣給地方電視台。過去從沒有人這樣做過；聯播通常都是由電視網運作來吸引觀眾。但克雷格把這個模式倒過來做。他的團隊把產品銷往全美各地市場，甚至努力進軍海外市場。克雷格的想法是：「如果一個國家夠大，大到可以派人組隊參加奧運會，就可以把節目賣給他們。」後來《海灘救護隊》在阿富汗、伊朗和伊拉克等地都是收視率第一名的節目，最後也成為電視史上最成功的節目。

然而，在此之前的整整十年，大家都叫克雷格趕快死心吧。幸運的是，他始終不屈不撓。

那麼，「永不放棄」的理念有效嗎？當然有效，除非事實並非如此。各位請注意，這裡說的就是個互相矛盾的悖論。

我在第一章向各位報告的「Pod 健身」，後來虧了兩千五百萬美元，因為我從小學到的就是「永不放棄」。在推出產品交付給客戶之前，我先花七百萬美元來開發產品，在第一次測試發現這產品不是客戶想要的之後，我又花了一千八百萬美元來改善。我根據客戶需求，提供客製化的個人運動服務，找來名人配音，並且運用電腦程式生成語言。這個市場有一天終將來到，只是在二〇〇五年時還是為時尚早。那時候大家只是想好好運動一下。我們其實只要花五十萬美元就可以製造出比較小、功能較少也沒那麼厲害的產品，用它來測試客戶的反應就夠了。我們在這個過程中毫無疑問地學到一些東西。就像我的各種經歷一樣，「Pod健身」告訴我：有時最好的行動就是趕快停止行動。各位可以把這種方法稱為「早日上岸」，脫離苦海。「永不放棄」是對的；「趕快停止」也沒錯。

要賺更多，也要付出更多

企業的目標都是要賺錢。你開公司就是為了賺錢，如果做不到的話，到了某個時間點就沒辦法繼續旅程。但我已經知道，到達目標的最佳方式未必就是一條直線。事實上，我發現最好的賺錢方法之一，就是免費提供內容給客戶，先討得他們的歡心。

二〇一三年，我製作了一部電影叫《買下來》，描述疫苗、大型製藥公司和食品之間的關聯。這部影片引發許多熱烈討論，因此我們決定在一個叫做Yekra的視訊點播平台發布。我們做了一些行銷測試，確定向線上點播影片的客戶收取合適價格。測試價格分別為一．九五美元、四．九五美元和六．九五美元。我原本以為大家最喜歡的一定是一．九五美元吧！但讓我驚訝的是，這個價格的表現竟然最差。可見觀眾根本不相信花一．九五美元可以看到什麼好電影。最多人選擇的是四．九五美元。

我們相信《買下來》會這麼成功，是因為我們有二千個協力廠商透過電郵清單向客戶推薦這部電影。Yekra 平台過去的電影從來沒有一部獲得這麼多廠商推薦。我們在 Yekra 獨家放映六週，總共才賺到六萬美元，但這部影片的製作成本可是七十五萬美元。

連成本的百分之十都拿不回來，沒有人會認為這叫成功吧。

所以，我們又重新準備了一番。隔年 Yekra 關閉後，我們創設一個免費觀賞影片的網站「buymovie.com」，然後聯繫之前的會員，提供十天的免費觀賞期。大家如果想看那部電影，連一毛錢都不必付。我們所要求的回報，只需要大家提供自己的電子郵件地址而已。那十天免費期總共有二十五萬人註冊觀看《買下來》，其中有許多人非常喜歡並買了DVD光碟。我們最後透過光碟銷售又賺了二十二萬美元。

但這只是個開始，因為現在我們擁有二十五萬人的電子郵件名單。後續我們又賺了二百萬美元。這一份電郵名單每年都能創造出幾十萬美元的營收。

我們贈送的內容越多，賺的也越多。接受這個悖論之後，我們開始製作系列紀錄片。我們現在不再讓觀眾免費觀看電影十天，而是製作一套長達二十小時的紀錄片系列，提供二十四小時讓大家免費觀看第一集，後來的系列影片也都這樣做。同樣花費一樣多的製作成本，我們免費贈送十倍的內容，也會賺來十倍的錢。

這種模式和科幻小說《絕地救援》的作者安迪．威爾所使用的方法相類似。因為之前的著作屢遭文學經紀人拒絕，威爾決定在自己網站免費贈送《絕地救援》的一章。等到免費贈閱獲得許多粉絲的支持後，他在亞馬遜書店用九十九美分出售電子書版本，三個月就賣出三萬五千本。威爾最後以超過十萬美元的價格把這本書的印刷權利賣給皇冠出版社。後來這本書登上《紐約時報》暢銷書排行榜，並且改編成大製作的電影，由麥特·戴蒙主演。

富有的紀錄片製片人很少，但我是其中之一。我相信我的思考和行為與其他紀錄片製作人不同，因為我一直願意接受一些自相矛盾的悖論。

大衛的智慧
從共和黨變成民主黨

早在一九七〇年代，大衛對他所看到的不公正現象就感到極為憤怒，決定對此採取行動。因此他開始投入競選猶他州的議員。他是共和黨人，所以他宣布要代表共和黨參與競選。一些黨內有力人士馬上來找他，說共和黨已有規畫既定人選，要求大衛退出參選。

大衛很固執。「我不退讓，」他說，「我要繼續參選。」由於共和黨的地方組織不支持他，他就改以民主黨身分參選，最後擊敗共和黨提名者。

大衛以為自己已經贏得這場戰鬥，等到真正進入議會後，卻受到抵制而一事無成。因為當時在議會占多數的共和黨團完全把他排除在外，結果他什麼也做不成。

「好吧！」他說，「現在我知道它是怎麼玩的了。」二年任期結束後，大衛再次參選連任，這一次他在其他選區也安排民主黨友軍，幫助他們參與競選。他再次獲勝連任，且他支持的大多數人也都獲得勝利。這是猶他州立法局第一次、也是最後一次由民主黨控制。大衛在議會終於可以排上自己提案的議程，為一些不幸的民眾而戰鬥，獲得立法局「唐吉訶德獎」。

這就是一則永不放棄的故事，但它伴隨著一個悖論：如果你不能擊敗自己的共和黨同伴，就加入民主黨吧！

用除法來做乘法

二〇一七年，派崔克．葛譚波和我推出一部叫做《基督揭祕》的系列紀錄片。製作完成後，我接著做其他專案。那時候我們建立了一份包含六十萬名福音教派基督徒的電郵名單，該系列作品每次有新片推出，我們都會用那份電郵名單做宣傳，所以這個系列一直有賺錢。但在二〇一九年，我們忙得甚至沒法為這個系列製作一齣新片，因此它可說是完全遭到低估的資產。

後來我們決定，要從這個專案獲得更多收入的唯一方法，就是找個合作夥伴。從短期來看，這表示我們的收入會減少一半，但從長遠而言，實際上會賺更多錢。所以我們找來合作夥伴，達成協議接手這個系列。他們的全部工作就是開發更大的電郵名單，再重新發行這套系列作品。我在這個專案的股份雖然減少一半，公司還是獲得七位數字的收入，而且之後幾年都是如此。我們採用的成長策略就是建立合作夥伴關係，擴大成長。換句話說，我們是用除法來發揮乘法的功能。

各位可以這樣想：一個活細胞如何繁殖呢？它是從一個分裂成二個。生命就是如此運作，然後看看它會把我們帶到哪裡去。

用減法來做加法

詹姆斯．希爾曼是位傑出的榮格心理學治療師，他認為人到一定年紀就不會繼續成長，我們的生命不是要變得更大，而是要更加深邃幽微。這套理念有其生物學基礎，因為我們到了某個年紀之後，體內唯一會成長的只有癌細胞。我認為這在商業上也有其相似之處。以除法做乘法是一個很好的成長策略，但你的事業最後還是會走向成熟。這也是更深入發展、消除部分合作關係、透過開發自己能力來獲取更多收入的時候。所以，你到了某一階段後，重點就不是追求，而在於探索深度。

我給各位舉個例子：你可以先建立合夥關係來搶占新業務領域，然後你可以透過結束合夥關係搞獨占。我們過去跟阿果拉金融公司合作，一起製作一套叫做《財富突破》的系列紀錄片，這個系列對我們來說就是個新領域。那時候是由他們提供電影製作費用，包括發行業務，在支付成本之後，雙方平分收入。當時他們認為的重點是，第一個進入市場是最有利可圖的方式，但我們玩的是一個更加長遠的遊戲。這筆交易是我們主導，因此系列影片和電郵名單的權利到某個時候就歸我們所有。這筆資產算是我們的，而且成本都已付清，我們可以自由運用它來創造更多收入。

為了加速而先減速

接受矛盾悖論不只是商場上追求成功的關鍵，各位在生活上要追求幸福也一樣適用，而且最好能成為各位心態設定的一部分。我一向喜愛運動鍛鍊，不過在五、六年前，我終於意識到不能再像高中橄欖球運動員那樣嚴格鍛鍊。那種嚴厲操練不再是我的目標。所以，我過去騎越野自行車，現在只進行徒步登山健行。以前用來做熱身的舉重重量，現在就是我鍛鍊的重量。我以前很熱衷於健身和控制體重，但現在的鍛鍊則有了另一個考量：長壽。我四十幾歲的時候，根本沒想過要活多久。如今我已年過六十，減緩運動速度才能走得更久、更遠。

關鍵基礎：面對不確定性

接受矛盾悖論，就是認識到商業中沒有確定性，確定性往往只存在於一時一地。我們必須把確定性的舒適感拋諸腦後，就像拿掉腳踏車的輔助輪一樣。各位要怎麼知道何時應該繼續前進，何時應該轉身快逃呢？我們什麼時候應該聘用更多員工、什麼時候應該縮編防守？什麼時候應該追求擴張，又何時理當緊縮求穩？面對競爭對手，我們什麼時候應該挺身而出與之較量，又該在何時伸手與他們謀求合作？在本書稍後，我就會討論要怎麼挑選正確時機、選擇正確工具和正確策略。各位現在必須接受的事實即是：我們大部分的商業經驗都會一再出現自相矛盾。各位現在別再堅持「知道自己正確無誤」，而是抱持聰明、靈活的彈性應對。

第三章 追求生存

凡事要考慮的不只是能不能做到，而是應不應該去做。

（出自大衛・尼莫卡）

想必各位看過許多企業家英勇創業和恢宏遠見的故事，但很少看到他們的痛苦經歷。大家可以想像一下：星期三自己一人待在辦公室，想著星期五又到發薪日，可是手頭沒有現金可以支付工資，但這件事可不能告訴員工，否則他們會開始去找新工作。就算你無處可逃，也不能像胎兒一樣龜縮在辦公室裡。你必須面帶笑容，表現出一切都會好轉的樂觀信心。

在這方面，有很多企業家會把全副身家押上去。為了保持生意周轉的活力，他們必須傾注一切，包括他們的收入、儲蓄、房子抵押，甚至要流血、流汗和流淚。他們建立事業是希望公司能創造收益，讓自己獲利，但現在他們必須先為自己的事業付出。原本的商場戰鬥如今已成為生死攸關的大事。

為了避免陷入這種狀況，請務必優先考慮照顧好自己。

我並不是第一個認識到這一點的創業家。二〇〇八年詹姆斯．阿圖徹第六次破產後（所謂的「破產」就是我在導言中說的那樣，賺了好幾百萬美元又賠個精光），他終於領悟到自己有個必須解決的問題。首先，他要找到問題出在哪裡。因此他列出成功的共同因素，還有破產時存在的共同因素。通盤列出之後，他發現自己每次失敗時，都沒有照顧好自己身體四個面向：身體、精神、情緒和精神狀態。自從懂得好好照顧自己，並把這件事做為生活重點，成為日常生活不可或缺的一部分之後，他就不再大起大落動輒破產了。

詹姆斯不只一次向我解釋他的新哲學，但我總是忽略他的建議。「我會讓自己身體的四個方面恢復正常。」我向他保證，然後問他一些戰術上的建議。「我現在跟你說的就是成功的真正祕訣啊！」我是花了一段時間才意識到他是如此真誠，也看到他在這則訊息中展現的智慧。

在我職業生涯的早期，我曾經開過一家公司，挨家挨戶銷售軟水器。就像任何販賣東西的公司一樣，生意有好有壞的時候。連續幾週銷量很糟糕，就叫做低迷。有一次銷售低迷持續好久，我打電話給分公司經理說：「兄弟啊！我真不知道該怎麼辦才好。」我說：「我像瘋了一樣拚命，希望可以完成交易，也使盡全力來吸引更多潛在客戶。」

沒想到他給我的回應是這樣的問題：「你的辦公室乾淨嗎？」我聽得目瞪口呆，毫無頭緒。「每當我情緒低落時，」他繼續說道：「我一定會把垃圾桶清空，把辦公室整理得乾乾淨淨。」

這是我聽過最愚蠢的建議，不過我還是照做了，而且還很有效呢！那時感覺就像是個找到一雙幸運襪子的棒球選手。後來的幾年裡，我一遍又一遍地試過，而且看到它發揮效果。也許這只是安慰作用，但我認為把注意力從我們無法解決的問題轉移到生活中可以解決的事情上，確實會產生一種神祕的力量。

這個不只是成不成功的關鍵，也是生死存亡的關鍵。我們都是聽著英雄故事長大成人的，成為創業家之後，也努力想要扮演一位英雄。但我們往往忘了神話中的英雄會發生什麼事：那些英雄最後都死啦！

我職業生涯的前半段，都是英勇十足地衝破各種大門。如今我不再那麼做。我現在會好好打開大門走進去。我不再把自己的事業或自己的生活建立在英雄模式上，而是成為一種意識流動的狀態；當事情進展順利時，我知道自己正處於這種意識流動的狀態。我用輕鬆、優雅和自信的方式來經營事業，有時候整個晚上都在清理打掃辦公室，而不是為了壓力山大的銷售新策略苦思掙扎。各位都可以變得更快樂、更成功。要做好這件事的祕訣，就是好好管理你自己和你的資金。

自我管理

誠實面對自我

我們先來思考一下佛教的八正道，這些都是解脫之道。八正道之一的正見，就是要看到世界和自己的真實面目。作為創業家，我們都會經歷許多的成功和許多的失敗。我在面對困難的時候，也會努力誠實面對自己。警惕自我，注意自己的弱點，千萬不要自欺欺人。我們越快認清自己的錯誤，就可以越早解決問題，減少損失並且繼續前進。認清錯誤、解決問題，才會帶來進步。

大家常常拿只有自己知道的後台，去和人人可見的他人前台做比較。如今的社群媒體讓這種趨勢更加嚴重，你看到每一個人都在度假或慶祝某個偉大的里程碑。在當今的世界，我們很容易以為別人都很成功，賺得盆滿缽滿，只有自己遇到這個、那個的麻煩。其實每個人都有必須自己面對的恐懼和悲劇。

有一年參加「天才網路」活動，讓我深受啟發地領悟到這一點。那一次的演講者是暢銷作家西恩・史蒂芬森博士，他天生罹患一種罕見疾病，讓他的骨骼非常脆弱。史蒂芬森十八歲時身高只有七十六公分，曾經骨折二百多處。患有這種疾病的人大多數活不過二十歲出頭。二〇一九年他不幸被輪椅嚴重壓傷，熬了幾天後與世長辭，當時他已經四十歲。儘管面臨如此嚴苛挑戰，他仍然過著非凡而勇敢的生活：「人生是為我而生，並不是無緣無故發生在我身上。」這是他常常說起的智慧之語。

在那次活動中，史蒂芬森說出他最深也最黑暗的恐懼：害怕他太太出去散步會遇上別的男人，那男人的身體可以做史蒂芬森不能做的所有事情，然後太太就會選擇離開。所以他把她散步要用的水壺袋掛在他的輪椅上。當她想用水壺時，他說這是他的輪椅與太太唯一的聯繫。如果他控制她的水壺，也許他能阻止太太散步時碰上一個健康又有魅力的男人，太太就不會離開他。這樣或許可以阻止他最深的恐懼成為現實。有一天他和自己進行一場艱難的對話，勇敢面對這種恐懼。畢竟，街上就有戶外用品店，她隨時都可以再買一個新水壺。後來他跟太太溝通，坦白承認他做的那些事情。他非常誠實地面對自己，這是那個週末最讓人心酸的一刻。

西恩接下來分發一些紙條，要我們寫下我們最深也最黑暗的祕密，但不必寫上自己的名字。他把這些祕密匯整在一張紙上，我們當天結束研討會時都收到一份影印副本。那時我身邊有四十位全國最成功的企業家，而其中大多數人都感到滿滿的不確定性和恐懼。「覺得自己是個騙子」是常見的自我懷疑。也有很多人說：「我自己不夠聰明，不能做好自己正在做的事情。」還有一位說：「我投資龐氏騙局，全部身家只剩兩萬美元。我已經失去全部財產，卻沒有人知道。」

所以說，我們不要把私底下的自己和別人的光鮮亮麗做比較。我們每個人都有自己的恐懼，身處狂風暴雨中，很容易以為唯獨自己遭受災難。在這種黑暗時刻，我從約瑟夫·坎貝爾的一句話中得到安慰：「在你害怕進入的洞穴裡頭，才會有你要尋找的寶藏。」

讓自己周圍都是成功人士

不管我們接下來想要做什麼，總是有人樂於潑冷水，說你不可能做到。總是有人急著想告訴我們，為什麼你的想法那麼愚蠢，為什麼它們無法實現。我們都要小心保護自己的想法，不要受到這些人唱衰，大家要為自己的想法制定適當的規畫，把那些失敗主義者遠遠隔離開來。我的計畫就是讓自己身邊都是一些成功人士，他們都做出一些別人認為不可能的事情。

由於鏡像神經元發揮制約作用，我們的朋友和同事對我們的影響力，甚至比我們的父母還大。每當我們觀察別人做某件事的時候，大腦中的鏡像神經元也會跟著放電。在這種情況下，我們會感覺像是自己也在做那些事情。

這個發現對於藥物上癮者非常重要。當我們對鴉片藥物上癮時，大腦中那些限制沉迷的部位就會受到損傷。這就是為什麼有些人難以停止自毀行為的原因。如果我們讓上癮者跟那些不服食鴉片藥物的人一起生活，他們不只是看到他人的節制，也會自己感覺受到節制。換個新環境就可以帶來進步，這就是鏡像神經元在發揮作用。

這就是為什麼我每年花十七萬美元參加麥斯特直效行銷規畫活動，例如天才網路的活動，我們都在活動中揭露自己最深的恐懼。我在這些活動中總是能學到一些運用戰術的知識，但我學到最重要的，是如何進行更高水準的創業遊戲。在活動的第一天早上結束時，我總是被同樣的頓悟所震驚：原來我自己的想法太鑽牛角尖，不夠開闊。就跟許多創業家一樣，我和許多同業都陷入同樣的困境。我們看不到外界的情況。而參加這種麥斯特直效行銷規畫活動，可以幫助我走出困境。

麥斯特直效行銷規畫活動也是我跟一些創業家一起充電的地方。如果光靠自己和團隊，是做不到這樣的事情。這就像是女性要跟閨蜜在一起，才會恢復女子氣質，而男性要與男性為伴，才能培養男性氣質沒什麼不同。在一些個人關係中，我能為自己的伴侶帶來男性能量，而她也能為我帶來女性能量，但只有她的陪伴，我無法重新激發我的男性能量。所以才會有一些純男性的團體。這就是為什麼我要在其他創業家的陪伴下，才能順力恢復我的精神、抱負、動力、思維和領導能力。

尋找導師

對於創業者來說，我們都需要一位精神導師，這是絕對必要的。我們跟精神導師應該如何建立關係呢？通常不會是某種正式過程。我們不會直接走向你尊敬的人面前說：「嗨！你願意當我的導師嗎？」我自己就有許多導師，但他們或許不知道我把他們當做導師。導師也是我們的朋友，但他們要發揮的作用遠不止於朋友而已。我們建立越多人脈關係，就越能找到更多導師。這些人會讓一切變得不同。我們在自己公司之外，也需要一些可以實話實說的朋友，這樣他們才能為你指明正確方向。他們雖然未必感受到你當下的壓力，不過他們過去肯定也有過相當的經歷。

「有些事情是你自己應該做的，我就不會為你做。」大衛．尼莫卡曾經這麼跟我說。「但身處狂風暴雨之中，你還是可以依靠我。」

我無法計算多年來自己依靠尼莫卡建議的次數，我也無法計算他的指導對我在商場上和個人生活上帶來多少價值。

各位可以想像一下，如果安隆公司或任何其他爆發醜聞的企業，有大衛這樣的導師指導，狀況可就大不相同。他必然會多次提出告誡，就像他對我說過的話：「凡事要考慮的不只是能不能做到，而是應不應該去做。」

不要浪費時間

我有一段時期在群眾募資方面非常成功，所以常常有人過來請教或打電話問我能不能幫他們想一下。「我也想跟大眾籌募資金，」他們會這麼說，「我可以請你吃個午餐，聽聽你有什麼建議嗎？」

像這樣的電話我每週大約會接到十通。過去我一向友善地提供建議，儘量幫助這些人，後來有個朋友跳出來糾正我：「創業家最糟糕的事就是參與一些既花時間又不賺錢的事情。」

二〇一九年，創業家喬爾．馬里昂舉辦了一場總營收高達一千萬美元的麥斯特直效行銷規畫活動，但他跟我說這場活動根本沒賺到錢，因為他辦這場活動所付出的時間，超過一千萬美元。最讓我印象深刻的是，他知道自己的時間值多少錢，而且能用它來衡量活動是否成功。除非你有重要的事情要說，否則就不要寄電子郵件給喬爾，就算你真的有重要的事情，最好也要長話短說。因為他很清楚自己的時間有多少價值，並且非常明智地運用自己的時間。

我從他身上學到了很多。現在要是有人問我是否願意跟他談一小時，我會先問自己：「跟這個人談一小時，有值一千美元嗎？」也許我要開車三十分鐘才能見到某人，之後又要再花三十分鐘回來，那麼「跟這個人一起吃頓午餐，花那麼多時間、跑那麼遠只是為了去幫他，值得我這樣花費幾千美元嗎？」

要有可能遭到解雇的打算

威廉．杜蘭是個典型創業家，他一生創業足以展示所有的榮耀與陷阱。杜蘭在高中輟學後開始製造馬車發大財，並在一九〇四年經營別克汽車公司，生產各種汽車。後來杜蘭又按部就班，陸續收購通用汽車公司旗下三十家公司，包括凱迪拉克、奧克蘭和奧茲莫比爾。然而企業體大肆擴張，公司支出太多，一九一一年公司董事會逼他辭職。

杜蘭沒有因此氣餒沮喪，反而又開了一家新公司雪佛蘭汽車。這家公司蒸蒸日上很快取得成功，讓他又大肆買進通用汽車的股票，在一九一六年重新控制通用汽車公司。不幸的是，他後來反對美國參與第一次世界大戰，再加上越來越嚴重的賭博成癮，導致職業生涯的終結，在一九二〇年被迫再次離開。在美國經濟大蕭條期間甚至破產，最後在密西根州佛林特經營一家保齡球館度過人生最後幾年。威廉．杜蘭曾經在商場上呼風喚雨，名噪一時，最後卻窮苦潦倒，在歷史長河中遭到遺忘。

杜蘭的同事艾佛雷德．史隆，其一生則有個幸福的結局。史隆曾經擔任通用汽車公司的執行長，他的手腕和技能與杜蘭截然不同，讓他非常適合管理公司。史隆去世的時候仍然非常富有，他的遺產甚至留存至今。各位聽過史隆凱特琳癌症紀念中心和麻省理工學院史隆管理學院吧？這兩個組織的名字都是來自艾佛雷德·史隆。

明明是有遠見的企業家，到最後卻破產身亡，這種故事在商場上可謂司空見慣，毫不稀罕。我開公司一旦發展壯大，遲早也會被帶去參加「杜蘭會議」，有人會通知我：「公司現在發展得太棒了！你做得非常好，如果沒有你，我們不可能有今天的成就。但公司現在對你來說已經太大了，我們需要引進一些專業經理人。」

其實這只是委宛跟你說：「你被解雇啦！」

我們能做的最重要事情，就是為這一刻做好準備，一旦狀況來到也不要太驚訝。因為這是不可避免的。各位的想法如果很出色，必然會有收穫。但對於任何正在成長的企業來說，有遠見的創辦人後來被經驗豐富的管理團隊取而代之，也是一個非常自然的過程。對此，我並不覺得那是失敗，而是把它看做事業成功的表現。我實現的夢想如今已經穩固，可以獨立存活下去。而我也要朝著自己的下一個夢想前進，不再回頭顧盼。

大衛的智慧與自己的大腦談判

創業生涯可以如此令人興奮，但要同時陪伴孩子就不是那麼容易囉。

大衛和自己的大腦談判來解決這個問題。他跟大腦達成協議：「如果現在專心跟兒子女兒在一起，那麼今晚八點以後就不會再有什麼事，可以有整整二個小時思考公事。」

這場艱難的討價還價在大衛的大腦進行，而孩子是受益者。可以說是個雙贏的結果。

金錢管理

確定不容妥協的條件

我經歷過一些慘痛教訓，才知道創業之前必須先為自己確立一些重要原則。銀行和投資人的貸款或投資，會要求你提供個人擔保，我認為在真正碰上這種狀況之前，就要決定該如何回應。如果報酬足夠豐碩的話，我願意承擔這個風險嗎？或者這是一條我不願意跨越的界線，對此必須採取強硬立場，無可妥協？早在考慮是否提供個人財務擔保之前，就要先決定自己的立場。各位如果不先做好準備，一旦公司急需資金，在金主要求下你就會接受提供個人擔保。

我有很多商業界朋友認為，提供個人擔保是絕對不可行。不管公司多麼需要這筆資金，也不該拿自己的個人財產做冒險。

職業美式足球教練凱姆．喀麥隆曾經告訴我，有一次剛雇用擔任進攻協調員的球隊老闆、總經理和總教練找他開會討論。當時球隊遇到一些問題，但唯一的解決方法似乎有道德上的疑慮。面對職業隊聯盟即將召開的會議，他們球隊不得不說一些假話。當他告訴我這則故事時，我以為他要說的是當時面對兩難的困境：是否同意球隊原先的計畫。但對他來說，這根本沒什麼困境可言，因為他早就做好準備，這裡頭有些事情是不容妥協的。他嚴格恪守道德立場，所以球隊若是要求他按照計畫行事，他非常樂意賣掉剛買的房子，帶著老婆遠走他鄉，為另一支球隊工作。最後他提出一種不需要說謊的處理方法，球隊也決定依計行事。

我最不能妥協的事情之一，就是收到聯邦政府九四一表格後，無法馬上繳納薪資所得稅預扣額。我開的公司要是連工資和所得稅預扣款都繳不出來，我會馬上關門大吉。這也是我經歷一番艱難過程之後，才認識到的重點。

以前我曾開過一家電話行銷公司，但公司的成長速度非常緩慢。第一年，我們的營業收入達到一千萬美元，但利潤只賺了百分之二或三。這就像是開著龐大的七四七客機，結果只在樹頂高的低空飛行一樣。如果只是這種高度，飛機引擎說不定會把樹吸進去，然後就墜毀了。當時那家公司常常發不出工資，也沒有足夠資金支付所得稅預扣款。有時候現金先保留做為稅款預扣，二週後就會缺錢付工資，於是又不得不動用預扣款項來發薪水。那時候我們就是這樣不斷地東挪西湊，到了第二年年底，九四一預扣款的帳上就累積了二百萬美元的債務。

幸虧我後來能以超過二百萬美元的價格出售公司，賺點微薄利潤；我當時是這麼覺得啦。那家收購我事業的公司預先付給我一大筆錢，並同意在六個月內還清九四一款項債務。不幸的是，那家公司突然破產，沒有還清債務，國稅局說，我跟那家收購債務的公司簽訂的合約已屬無效。像這樣碰上九四一債務時，躲在誰的背後都沒用。

我那家已經不屬於我的企業，讓我負債二百萬美元的稅務預扣款，我必須從個人財產中支付。所以我現在一看到需要幫助或我想收購的企業時，第一件事就是先檢查它的薪資所得稅預扣帳戶到底有沒有負債。

以追求利潤為優先

經營企業就是收入減去支出等於利潤。這個計算式子的問題在於，對公司來說，其實獲利是一種不自然的狀態，因為企業往往會把所有資金吸得一乾二淨。我們都被教導說，企業的目的是要獲利，但除非我們非常小心謹慎地管理，否則企業會消耗掉百分之百的可用資金，永遠也不會獲利。那些收入豐厚的企業，支出成長也一樣快，很快就會把所有收入吸光。比方說，要再雇用新員工啦、要做系統自動化啦、要找專業經理人啦，於是整家公司的財務狀況就在收支平衡點附近浮浮沉沉。

為了解決這個問題，我跟商業夥伴派崔克．葛譚波採用企業家麥克．麥克羅維茲的策略，稱為「獲利第一」（Profit First）即：收入－獲利＝支出。我們預先決定每年希望成長的百分比，這就是我們的獲利率。一旦公司有了營收，就先把規畫獲利存入另一家銀行，然後公司就用剩下的資金來經營。這個支出帳戶決定我們能否再雇用新員工、有沒有錢再添購新攝影機。我當初剛創業時如果懂得運用這一套商業模式，想必可以保障幾百萬美元的收益。結果我做的事情卻剛好相反，最後那些錢都投入各種業務之中，被吸得一乾二淨。

在創業之前先累積收入

我要給年輕創業家最好的建議之一，就是在創業之前先累積收入。這筆收入來自哪裡並不重要。我知道有些人是透過房地產投資來實現這個目標，還有一些人是購買洗車場來實現目標。

我的企業家朋友娜歐米．懷特曾說，她在二十出頭的時候，就決定每個月需要三千五百美元的生活費。拜房地產經營所賜，她一旦成功獲得這筆收入，就開始自由投入資金在商場上冒險。二〇〇九年她創辦「儲存營養」公司，銷售營養補充劑，六年後又以三千七百萬美元出售。接著又把這些錢投入債券創造收入，如今靠債券利息也足夠支付每個月更多的支出。她一向是個勇於冒險的企業家，但她從不拿自己的錢去冒險，因為她總是先預留收益，再拿剩餘資金去做生意。

保留個人戰鬥資金

我曾經連續拍了三部紀錄片，但收益狀況欠佳，導致最後負債累累。但那時候又有一個專案值得期待，有可能帶來足夠資金，不但足夠清償所有債務，還能產生一點利潤。

「這筆交易帶來的資金，你準備怎麼用？」當時我的商業教練問我。我說：「我想做的第一件事，就是趕快把所有債務還清！」那時候我認為自己很明智。「絕對不可能，」他說，「你到時又要再做另一個專案來清償債務。你要做的第一件事，應該是先撥出一筆錢做為周轉資金。萬一困境再次來臨，你手上要是缺乏資金，馬上就會垮台。」

對我來說，這筆錢是三十萬美元。這些錢不是拿來創造收益，不是用來購買房地產，而是一筆周轉資金：留著準備應付一些必定會發生的麻煩事。各位在投資房地產的時候，如果彈盡援絕，沒錢更換屋頂，或幾個月沒租金收入都撐不住，那就不該投資房地產。

「一旦狂風襲來，你也要能夠睡得安穩，」大衛・尼莫卡曾經告訴我說，「你要是不留一筆資金做周轉，就永遠無法安然入睡。」

關於財富帳戶

我花了很長時間才意識到，造就創業家的成功技能，對於建立長期財富反而會帶來毀滅性的後果。創業家最大的資產是願意承擔風險，但如果你不斷運用自己的財富去冒險，最後必定會失去。因此，我一旦為自己建立穩定收入、籌足周轉資金後，就開始謹慎建立自己的財富帳戶。這筆錢跟我的最新點子或建立新事業無關，只是為了增加自己的長期財富。

歐羅斯多公司執行長派崔克・拜恩十三歲時就成為華倫・巴菲特的得意門生。他甚至在創辦歐羅斯多公司之前，就已經累積相當多的財富，而巴菲特給他的建議也很能說明狀況：你永遠不需要冒險，因為你已經很富有了。你就是安靜下來等待一顆好球，看準了再揮棒。

這個建議很好，但它違背創業家大腦的每一種本能。我們看到球就想揮棒，而且還很高興這麼做。但是能夠長期生存的人，必定要能夠掌握自己的本能。

第四章 務實狂想

領導者永遠閒不下來。有此體會之後，事業才會開始加溫。

（出自羅威爾．福樂塔）

我二十幾歲的時候，跟兩個最好的朋友吉姆．雷納特和雷德．麥克米蘭一起從事股票營業員。我們那時候常常說到自己這一生想做什麼，因為我們三個人都知道，我們來到這個世界並不是為了做股票營業員。

「我想成為雕塑家。」吉姆說。

「我想成為飛行員。」雷德說。

「我想成為電影製作人。」我說。

「你要怎麼拍電影？」他們問。

「我不知道！」我承認。「但我常常去看電影，一定有人知道怎麼拍嘛。」

當時如果有人聽到這三個二十幾歲股票營業員的夢想（其中二個連高中都沒念完），一定會跟我們說別再胡思亂想囉。幸運的是，我們「務實的狂想」正好可以用來描述我們這些具有創業頭腦的人；對我們來說，在妄想的同時保持務實態度是多麼重要。我們都必須知道自己的傾向，並設置一些安全保護，以免自己在追求夢想的過程中摔進懸崖。但這不意味我們應該、甚至阻止自己的夢想。

我們幾個要獲得夢想中的工作可不容易。吉姆曾是楊百翰大學的摔角選手，他很有藝術天賦，但我從未想過他想以雕塑家維生。現在他在紐約五十七街和第五大道附近有家自己開的藝廊展出作品。他的雕塑作品曾在國家美術館展出，售價高達四十萬美元。雷德跟我一樣只是個高中輟學生，但他現在是史畢利航空公司的正駕駛飛行員。而我則製作過將近二十部紀錄片，其中一部入圍奧斯卡金像獎。

我的狂想飛躍

麥可．摩爾的紀錄片《華氏九一一》在二〇〇四年五月上映後我曾去觀賞，但我認為它有嚴重缺陷。摩爾進行採訪時，很明顯進行操控，想傳達自己的主觀訊息，結果這部電影表現出二個互相矛盾的觀點：一方面把喬治．布希總統拍成一個笨手笨腳的白痴，同時又像是個懷抱巨大陰謀的大巫師，為石油公司暴賺數兆美元。

共和黨對此在策略上的明智處置，就是刻意忽視。這種紀錄片通常沒幾個人看，票房收入不到五百萬美元。不過，摩爾確實拍到一些精采鏡頭，也知道怎麼利用它。他讓布希一派正經地發表聲明，然後轉身又去打高爾夫球。《華氏九一一》首映之後票房就有一億美元，隨後總共累計二億二千二百萬美元，成為史上最成功的紀錄片。這部片子對我們的文化產生巨大影響，也讓刻意低調的共和黨人措手不及。這部片子留下一個真空，讓我想到可以用一部觀點相反的紀錄片來填補這個空白。

我知道這是個聰明點子，成功的機會很大。然而當時自我懷疑悄悄到來，讓我猶豫了將近一個月。「為什麼我有權利拍攝這樣一部電影？」我想，「世界上有這麼多人，為什麼我要製作一部反駁有史以來最成功紀錄片的人？我的大腦到底出了什麼問題，竟然以為自己能做到這一點？」我在政治上一向不活躍。那些共和黨人甚至不曉得我是誰。在此之前，我也從沒拍過紀錄片，但現在卻想跟史上最成功的紀錄片製片人打對台。

以為自己能做到這一點，大概只是個狂想吧。

事實上，這還真的是個**務實的**狂想。我可以去拜訪一些聯絡人，建立人脈關係，我也知道完成這些工作的步驟。雖然我不認識任何政界人士，但知道需要哪個門路：迪克．莫里斯；他是比爾．柯林頓的首席政治顧問，後來在福克斯新聞擔任撰稿人。我找他的經紀人跟他聯繫，花了一些錢來敲定這筆交易。

我又打了更多電話，組織一個團隊，又找來一個總監。我們在二〇〇四年八月十九日在紐約正式開拍，採訪了莫里斯，然後他又為我們聯繫前紐約市長艾德．柯赫、喬治亞州參議員澤爾．米勒和保守派媒體評論員安．庫爾特。

我們日夜不停地工作，剪輯師就睡在辦公室的睡袋裡。從開鏡到結束只花了二十八天，成功完成這部影片，剛好趕上摩爾發行光碟的最後期限。我們取名為《炒作華氏九一一》，如此一來，我們的光碟片在百視達架上也會跟摩爾的光碟片擺在一起。我做到了！

這就是企業家的狂想會把你帶到什麼地方。這正是史蒂夫．賈伯斯所說的：「就是有這些瘋狂的人、不合群的人、反叛者、麻煩製造者、方鑿圓枘、對事物有不同看法的人。」當我們看到其他人認為不可能的事情，我們大腦中的某處會說：「不！我們可以做到這一點。」但我們如果無法控制這種衝動，任意讓自己陷入狂想，也可能成為自己最大的敵人。

跨越界限

務實的狂想和純粹妄想之間，還是有一條微妙的界線。關鍵在於，要知道我們常常只是面對風車巨人，就發動瘋狂攻擊。所以我們需要設定一些過濾器來檢查自己的一舉一動。

幾年前，有位想從事電影製片的人要求跟我見面聊一聊。他說他有個拍電影的好點子，確信可以賺一億美元。

「這部電影的預算有多少？」我問。

「一千萬美元。」他答。

「你要怎麼籌錢呢？」

他打算找湯姆．克魯斯這種好萊塢大牌明星來擔任主角，如此就能輕鬆籌集到製作電影所需的一千萬美元。像這種想法，只有對電影產業不了解的人才會認為可行。

我跟他解釋，他的想法的確是個好點子，但這樣的時代早就過去啦。好萊塢的人大概有好千次想利用一線大明星來啟動拍片專案，為片子籌募資金，但這種作法現在已經行不通。那些大明星的經紀人也都知道明星的價值有多少，他們不會讓你免費拿出來耍弄，為一些創業家賺錢。你如果想簽下湯姆．克魯斯，就要簽署一份付費或播放協議，保證他可以獲得巨額演出費，不管你的電影最後能否真的拍成。

當我向他解釋這一切時，這位訪客彷彿失去理智，只是一再重申自己迫不及待想拍完電影。但這一切連個影子都沒有。這就從務實狂想變成純粹妄想了。

純粹妄想可不是個好地方，各位不必去那裡到此一遊。

檢查價值觀

長久以來，我一直都會寫日記，我發現寫日記就是在揭示自己的價值觀。我說的不是什麼偉大抱負，像是富蘭克林揭櫫的正直或節儉。我說的是指導決策的經營價值觀，不管你曾否意識到它們。這套價值觀每個人都有，它們就內建在你心裡，始終在幕後默默運行。我寫日記時，會特別空出一頁，列出一些日常決定所揭示的價值觀。經過一個月之後，就匯整出一份似乎涵蓋我奉行的價值觀清單。這是一趟自我意識的旅程。我發現自己可能比大多數人更重視幽默。而且，我的價值觀並非總是一致，某些價值觀之間可說相當緊張。我也對它們做了排序：我重視舒適、金錢和人際關係。因為我更重視舒適而不是金錢，如果我搭飛機沒有免費升等，那麼我會很樂意支付頭等艙的機票。我對人際關係也看得比金錢重要。當然這兩者我都很重視，但若是二選一的話，我會選擇人際關係。

這樣的價值會導致什麼結果呢？它可以幫助我區別純粹妄想和務實狂想？後來我發現，我跟一些商場人士發生問題時，通常是因為他們更重視金錢而不是人際關係。因此一碰上緊要關頭，他們會做出讓我驚訝的決定。

這種價值觀的齟齬扞格，肯定會破壞合作關係。因此我投入新專案之前，都會先評估合作夥伴的價值觀。如果他們跟我的價值觀不甚一致，我會另找別人合作，或者自己退出這項專案。這並不是說他們是錯的，而是他們的價值觀和我的根本不同。這樣的思考方式也可以運用在婚姻的選擇上。如果各位重視的是創業精神和冒險精神，但配偶只盼望穩定和安全的生活，那麼你們必定會遇到麻煩。

簡單性、機率和槓桿作用力

我個人喜歡嘗試新事物，也喜歡一些複雜的事情。但在我創辦、收購或投資一家企業之前，我會透過一套過濾器來篩選和管理，這套工具是從著名商業顧問瑞克・薩皮奧那裡借來的。我會透過三項價值觀來衡量最新的狂想：也就是簡單性、機率和槓桿作用力。以前我聽瑞克談到時，馬上就認出這三項價值觀的用處，因為過去我不止一次違反這些原則。我曾經做過一些複雜的生意。我也做過一些勝算不高的買賣，而且在欠缺槓桿作用力的事業上浪費許多時間。我曾經在創業上同時與這三者背道而行。

一九九〇年代派伯飛機公司破產，我的一位商業夥伴受聘處理善後，管理該公司。當時的派伯公司雖有獲利，但受到責任風險的拖累，其中有些飛機是出廠半世紀仍在四處飛行的私人飛機。那時候國會也發現這個問題，準備修改私人飛機製造商的責任法條。

當時我朋友打電話問我，要不要出價五十萬美元買下這家公司。所以我跟四個合夥人趁它還在破產狀態下一起買下派伯，然後開始遊說，請求國會儘快通過修法，讓公司再次展翅飛翔。

後來的好消息是，國會確實修改法律。但壞消息是，這趟修法竟然要花十年之久。到那時候公司早就完蛋了，我們所有資產都化為烏有。

所以我現在更了解了！

簡單總能戰勝複雜。這種過濾原則會讓你退出一些交易，我也樂意遵守這一點。在二〇〇八年金融危機之前，大家都在操作華爾街衍生性金融商品，個個賺得笑呵呵。但那些衍生性金融商品一點都不簡單。商品複雜未必不對，只是這樣的投資不適合我。我只看重那些容易理解的商業機會，這就是簡單性的重要。

衡量事業成功的機率，這點可以提前進行。曾經有十位億萬富翁組成的團隊，出錢投資一家叫做「行星資源」的公司，希望在太空捕捉一顆小行星，開採行星上的礦物。我相信那些人意識到這項冒險的成功機率不大，但對他們來說，就是值得嘗試一下。如果是我，我可不想把自己的職業生涯賭在這種投資上，畢竟我也不是億萬富翁。那些人願意在眩人耳目的投資上賭一把，但我不願意。我現在最重視的，只有成功機率很大的機會。

對我來說，運用槓桿作用力比簡單性和成功機會大更具有價值。我看重的是專案項目能否充分利用現有資產、我的人脈關係和我的技能，創造出一些原本不存在的東西。不久前，我在猶他州買了一間一萬平方英尺（約三千坪）的攝影棚和錄音間。我在臉書上貼出照片後，馬上有臉友傳訊問我：「我很想租用那個錄音間！」不過我拒絕了。就算現在那兒還派不上用場，我也不想把它租出去。租賃空間也是一項服務業務啊，對我來說就好像要做一份工作一樣，每小時賺個幾百美元，一點好處也談不上。我只想運用那裡拍攝我的紀錄片，運用這個製片廠來製作、發行一部紀錄片，才能賺上幾百萬美元。所以我看重的是槓桿作用力。

我想再跟各位強調，這裡頭沒有什麼絕對的對或錯，而是你跟合作夥伴合不合適的問題。不過我要補充一點：要是你投資的企業需要經過國會立法，那可是會把你拖進一個你從來沒有經驗的新領域……這跟我們說的簡單性、機率和槓桿作用力完全相反。

大衛的狂想
人體器官捐贈

大衛．尼莫卡就是擁有務實的狂想才有今天的成就。有一次我接到電話，邀我過去參與會議。那個會議是跟猶他州人體器官捐贈協會的領導人一起開。我們在協會的董事會會議室見面。

「為什麼每天都有人因為缺乏器官而死亡呢？」大衛詢問協會主管，「每天都有許多可以再利用的器官埋葬掉，這裡頭有什麼障礙嗎？」

協會主管提到幾個問題，其中二個一直困擾著我。儘管大家活著時可以勾選同意捐贈器官，表示他們願意成為器官捐贈者，然而一旦死亡之後，根據猶他州法律還是需要死者近親的同意。在那個悲淒哀傷又震驚的時刻，死者近親通常不會同意讓親人捐贈器官。因此，除非州政府法規進行改革，否則這些器官捐贈者還是無法達成生前的願望。

第二個問題則是一則跟摩門教有關的傳說。摩門教徒普遍相信，要把自己的身體完好如初地歸還給上帝。事實上，摩門教會不曾這樣教導信徒。本地摩門教教區領袖使用的傳道手冊，對器官捐贈問題也是隻字不提。所以想要解決這個問題，也需要修改傳道手冊，而這個過程幾乎跟修改美國憲法一樣困難。

然而，天天都有人因為等不到合適的器官捐贈而死去，大衛一想到這件事就無法忍受。於是他手伸進口袋，掏出一張支票。「這是一筆二萬五千美元的捐款，」他說，「而且這只是眾多捐款中的第一筆。我會幫你們解決這些問題。」然後他拍著桌子，大聲說出了下一句話（大衛從來就是有話直說，毫不隱瞞）：「但各位聽我說！協會如果拿了我的錢，我就有發言權。各位要是不聽我的話，就別拿我的錢。」他運用捐贈的方式提供價值，並準備在改革法律的工作中發揮作用，以尋找價值。

協會拿了捐款，也聽從大衛的指示，於是整件事情開始有了變化。不到二年，教會的傳道手冊經過修改，開始支持鼓勵器官捐贈。猶他州的法律也出現變革，大衛和州政府合作建立一個名為「我願意，猶他州」（Yes Utah）的網站，讓樂意捐出器官的民眾上網登記，即可繞過近親同意的規則，而最早上網登記器捐同意書的，正是猶他州長及其夫人。

之後猶他州的人體器官捐贈率從原本的百分之三十上升到領先全國的百分之七十。

回答自己的問題

陷入狂想的最簡單方法就是自己驗證自己的想法。這種自我驗證可以出現在生活的各個領域，不僅僅是在商場上而已。當我們活在自己的幻想中，只跟那些已經認同你的人分享想法，這就不是在建立一份事業，而是正在創造一門邪教，因為那些想法從來沒有接受過現實的考驗。創業家通常都非常熱情而且具備感染力，總是能冒險尋求認可，召喚來一些人只說些我們愛聽的話。

二十五年前我很熱衷慢跑。但我是扁平足，兩腳脛骨都因承受壓力而曾經骨折。但我還是下定決心，繼續跑步。當我的醫生勸我別再跑步時，我馬上又去找另一位醫生。我就這樣一個醫生看過一個醫生，直到我找到一些醫生願意只開立抗發炎藥物和推薦我新的矯正器為止。雖然有許多醫生提供很好的建議，說我的身體狀況最好從事一些不同的活動，但我從來不聽勸。然而，尋找再多的醫生，也無法改變我不適合跑步的事實。如今我只從事健行走路，我變得更快樂也更健康。

我們面對批評時，很容易採取防衛姿態，躲避那些你不想聽的逆耳忠言。尋找別人的稱讚和認可總是有趣多了。因此，為保護自己不要再自我欺騙，我現在已經學會放下推銷自我、說服他人的欲望，轉而謹慎思考自己的想法，尋求外界的認真回饋。

與聰明人一起驗證

若只為了純粹分享樂趣，在大家面前公開自己的想法，這是可以的。各位隨時都可以把任何想法公開，讓你的聽眾感到欣喜。

但這種方式跟尋求一些聰明人來驗證你的想法，完全不一樣。我現在已經知道，要先找對人，找到一些聰明人來討論，才能獲得確實而有用的回饋。有些人也許是因為憤世嫉俗或出於嫉妒，喜歡反駁你的想法。這就不是我們要的。我現在知道要找的是有思想、有經驗的人，他們會提出問題、探究可能性，而且有些人可能也曾有過類似經驗，走過我所描述的新道路。

有位商業夥伴曾經告訴我，每個想法都必須禁得起激烈辯論。這是跟私募股權公司和創業投資家建立關係的好處之一（我在本書後面會討論如何做到這一點）。當你尋求的不是金錢而是驗證時，就可以找他們論戰一番。這本來就是他們的工作，他們靠這個維生。那些人對於新想法十分著迷，也是我見過思考速度最敏捷的高手，碰上壞點子他們很快就能找出漏洞。我也學會不去迴避他們提出反對的本能，就像法庭上的律師一樣；這時候仔細傾聽對方的意見更有用。

我們在生活中都有足以借鑑的導師，無論他們是否帶著這個名號。這位導師也許是跟你一起工作的人，平常跟你一起騎越野車的人，或是同儕夥伴。他們對於商場的知識，或許只比你多了解一點點，而且他們也夠了解你。有些導師是在激烈反駁你的想法時，最能發揮作用。也有些是擅長根據他們對你的了解，來評估你的想法。這些人能夠提出問題，照亮你思考中未曾探索過的角落，而且他們非常了解你，如果你只是在胡說鬼扯，也難逃法眼。

尋求回饋的好處超過驗證。尋求回饋顯示你的謙虛和開放，也是發展人際關係的好方法。我有家公司的副總裁在這方面表現特別出色。每當我們有一個新想法時，他都會找人開五、六次會議，當場徵求大家對於新專案的建議和看法。「我知道你對這件事的了解比我多。所以你認為怎樣？我們有哪裡搞錯了嗎？」他就是如此嚴肅與真誠，所以大家也樂於花費幾個小時，為他提供諮詢。開完這些會議後，他能夠更深入理解自己想法的優點和缺點，也和大家建立良好的人際關係。

我現在也學會怎麼善用我的聯絡人清單。如果在一個全新領域我突然有十個新想法，我會透過聯絡人清單，向大家請教是否認識做過類似事情的人。我知道大家會幫我，而我也需給予回報。要是有人打電話叫我去討論核子技術，我當然是不會去啦，因為我沒有這個領域的專業知識。但如果有人打電話問我：「我兒子寫了部電影劇本，正想請教業內人士尋求建議。」我就會去參加這個會議。當我付出和給予，我也就會得到一些幫助。這種情況我已經一次又一次地見證了。

由客戶來驗證

在網路公司剛開始蓬勃發展的時候，線上企業「網路貨運」承諾在三十分鐘內把你訂購的生活雜貨送到你家門口，它從風險投資家籌募超過三億九千六百萬美元，後來的股票首次公開上市又募集了三億七千五百萬美元。接下來的三年裡，這家公司花費超過五億二千五百萬美元，在全國各地建造倉庫並組織運輸送貨的卡車車隊。

在那個時代，創意就是一切，大家都高度重視創意，所以許多新創企業都能神不知鬼不覺地籌募到成百上千萬美元的資金揮霍。如果依照今天的生活方式來看，網路貨車的營運模式好像的確是個好點子。只可惜他們領先時代二十年，沒機會向消費者驗證他們的想法，最後帶來災難性的後果。那時候大家根本不想從網路上購買生活雜貨。網路貨運最後損失超過八億美元，在二〇〇一宣告破產。

這就是一個點子王傲慢自大的完美例子。有一則關於狗飼料的老笑話：有一家賣狗飼料的公司，銷售業務員喜歡這種狗飼料，科學家也喜歡這種狗飼料，這狗飼料看來一切都很棒。「如果一切都很棒，」公司董事長有一天問道，「為什麼我們的生意還是那麼差？」

後頭有人舉手。「是這樣的，先生，」一位銷售業務回答，「狗就不愛吃啊！」我曾經也有過這樣的經驗。我建立自己喜歡的事業，我的團隊和投資人也都很喜歡。只可惜顧客完全不喜歡。

從第一次網路泡沫爆裂的廢墟中，出現創業的最佳概念之一就是「最小可行產品」（minimum viable product；MVP）。這是針對軟體開發「敏捷」管理技術的一部分，這套概念強調儘快推出新產品，而且只提供足夠的基本功能來滿足早期使用者的需求，儘量以最低成本驗證新構想值不值得投入，同時也能引導企業如何邁出下一步。軟體開發這套叫做「Scrum」系統的敏捷管理和組織工作，其方法可以追溯到一九九〇年代。

透過軟體開發的敏捷管理，我們可以先開發出最小可行版本，儘快推出上市，接受市場的檢驗。通常是以一、二週或最多四週的分期來進行「Scrum」疊代，並且不斷從客戶端獲得回饋，把這些寶貴意見納入上市的更新版本。Google和臉書就是這樣誕生的。現在許多公司每天都會發布軟體更新版本，進行測試。

最小可行版本的概念也適用於創業家。這是對創業想法的最終驗證，也是追求成功的最佳途徑，因為是客戶會透過他們的行為，為我們的點子提供推進力。

做「調查」是尋求客戶驗證比較差的方式。做客戶調查毫無意義。許多年來，總有一些速食業者透過調查徵求客戶回饋，填寫調查表的客戶總說他們想要「低熱量又健康的速食產品」。這些業者也在全國各地商店推出「低熱量又健康」的食品做回應，但這些產品最終還是失敗。其實客人把車停在塔可貝爾或麥當勞的得來速車道，想要的就是好吃的美味，就是那些容易讓人發胖又油膩的速食快餐。認真看待客戶調查提供的意見，大家都說希望更健康，但其實我們喜歡吃的就是那些速食快餐。要區分一廂情願的想像和務實想法，能夠確實理解真相是最重要的。

《炒作華氏九一一》的教訓

本章一開始談到《炒作華氏九一一》，這是我對麥可．摩爾熱映紀錄片的回應。我們是在二〇〇四年十月六日發行這部影片。事實上，製作這部紀錄片的過程，可不只是單純拍攝而已。

那一年九月，歐羅斯多公司執行長派崔克．拜恩邀我到他辦公室，讓他看看這部影片。十五分鐘後，他用手肘推了我一下。「你走出這裡至少會帶著五十萬美元的訂單。」他告訴我。然後我們又繼續看。「哇！這拍得真好，」他說，「你離開的時候至少會有一百萬美元的訂單。」話才說到一半，他就急著問我怎樣才能獲得獨家放映權。

不過我那時候已經找到一個經銷商，他也跟其他業者達成協議，準備透過沃爾瑪販售DVD光碟片。

「你們合約已經簽了嗎?」派崔克問我。

我說還沒,但已經談成這筆交易。於是他拿出一百萬美元,說要收購線上發行權,並且當場就開支票給我。

歐羅斯多公司的辦公室就在我居住的城鎮,所以我回家後就打電話問經銷商。他聽我說了之前的事之後,就問:「你現在手上就有一張一百萬美元的支票嗎?你是白痴啊?那就趕快拿錢啊!我們會解決這個問題的。不會有事。」

當我回到派崔克的辦公室,他又再提高價格。「我要買下所有發行權利,」他說,「沃爾瑪那邊的訂單我也可以吃下來,我們會給你二百三十萬美元。」我曾經很有錢,但當時已經不富有。派崔克知道這一點,所以他又再提高價格。「我還要付多少錢,才會讓你走出這道門後,變成一個百萬富翁呢?」他問。我在心裡算了一下,製作這部電影花了多少錢,我的投資人應該分到多少。答案是二百六十萬美元。

這就是派崔克付給我的價碼。

我說這段故事,是為了向大家展示務實的狂想可以帶我們到哪裡。

但關於派崔克的故事,這還不是最後一個。

《炒作華氏九一一》之後,我很希望再找個機會和派崔克合作。二〇一六年總統大選快到時，他問我拍攝一部政治電影的想法。但這是一部採取攻擊觀點的影片，不甚符合我的價值觀。我喜歡拍攝正面支持、而不是採取負面攻擊的影片。但這是我跟派崔克再次合作的機會，所以我沒拒絕。當時他出資拍攝這部電影，我自己也出了錢。

派崔克的點子不應該通過我的價值觀審查。但我的確放行了。

結果這部《被操縱的二〇一六年》從賣座方面來看並非失敗，只是製作期間的二年半讓我感到痛苦，因為我的心沒有擺在上頭。這部電影不符合我的價值觀，因此缺乏投入的動力，只是把它當作應該完成的義務。

如果我的價值只是想賺錢那就好啦！但我過去不是這樣，現在也不是。我自己應該很清楚。結果，我反而違背自己心意，這不是任何人的錯，是我自己的錯。

第五章 真正的雙贏

差異，比好上加好還要更好。

（來自傑夫的筆記本）

一九八九年史蒂芬．柯維的《與成功有約：高效能人士的七個習慣》出版，為商業語言帶來一個新詞彙：「雙贏」（譯按：這個詞其實在一九八二年賀伯．科恩著作《萬事好商量》就已提出，該書也是連續九週的《紐約時報》暢銷書）。這本書和這句話後來非常流行，以至談到商業交易如何成功時，總會派上用場，至少在口頭上說說，沾點光。但是這個詞彙遭到過度濫用，所以一聽到別人說什麼雙贏，我根本就不信，因為我知道自己即將聽到的絕對不是什麼雙贏的交易。

不過隨著年歲增長，我也開始認真看待這句話，正如柯維所言：不是「你自己看著辦！反正我贏就好。」而是希望「我贏，你也贏！」我認為這是創業家奮勇求生的重要關鍵，但前提是交易之前，確保買賣雙方的利益。交易買賣偏重於賣方或買方，也許是更常見吧。但對我來說，值得完成的交易確實是能為買賣雙方帶來最高利益與好處。

能夠做到這樣才是真正的雙贏。

我的朋友史考特．艾爾德雖說才華橫溢，但他也經歷慘痛教訓，才學到這一課。早在一九九〇年代時，某位著名的商學院教授兼暢銷書作家搬到了史考特居住的社區。這位教授曾是他崇拜的英雄，因此他主動和教授聯絡，彼此建立業務關係。史考特是電影製片人，負責出資製作教授用於宣傳的DVD光碟。有一次在大型宣傳活動前，教授下了一份數量異常龐大的光碟訂單，表示之後會透過聯邦快遞把訂貨支票送來。當時教授雖已拖欠付款，但史考特還是力挺到底，照樣完成訂單出貨。可沒想到聯邦快遞送來的，不是一張貨款支票，而是一份破產聲明。這位教授在宣布破產前趕快下單訂購光碟片。後來史考特打電話質問時，教授也毫不表示歉意，直說自己身為企業主，有義務做出符合公司最大利益的事情。他說，這也是史考特必須承擔的義務。當然，沒等教授付款就把光碟片送過去，原本就是個糟糕的商業決定，但這是史考特的錯，不是教授的錯。

這個打擊可不小，簡直讓史考特一敗塗地。不過他後來還是站了起來，創辦一家叫做投資工具的公司，在舉辦商業研討會方面做得非常成功；但他再也不會忘記自己學到的教訓。他認定的雙贏是確保對方也能獲利，他看重彼此的合作，認為交易夥伴在買賣上獲得利潤，他就能夠獲利。當年他和教授的交易之所以注定失敗，是因為教授顯然更重視金錢，而不是彼此的合作關係。

這些經歷我也有，而且不是什麼值得自豪的事情。我二十幾歲時曾經開了幾家公司，透過直銷方式在德州銷售軟水器，因為那裡的水含礦物質比較多。當時我在德州偉科建立一家公司，擁有大約二十五名員工，經營狀況良好。那時候我們有一位銷售代表非常喜歡這個事業，也有興趣自己經營。雖然她過去從未經營過自己的事業，但她想跟我一樣成為企業家。後來她和她先生一起出錢，我和他們達成一項協議，以頭款和每月分期付款的方式把公司賣給她。

我當時出售的價格，其實比我自己經營時的獲利還高。記得那時候我在想：「哇！我在買賣談判上真是厲害啊。」當時可說是年少又無知。結果短短六個月她就破產了，而這筆交易正是她注定失敗的主要原因。當時的我因為不顧及對方的利益，結果也傷害到自己。從那時起我學會一件事：達成一項不利對手的交易，其實你自己沒有什麼好處。長遠來看，自己最後也會失敗。

我現在做買賣堅定致力於實現三贏。我做的交易必定是經過結構設計，如此一來買賣雙方都贏，我贏了，對方也贏了。這就是雙贏。那麼第三個贏的人是誰呢？是讓大家都因此受益，所以每個人都贏了！因為買賣交易顧及到所有人的利益，對於整個社區都有好處。

讓人驚訝的是，幾乎每一筆交易都可以這麼考慮。所以一筆交易不能以三贏的方式來進行，就不適合我。要是有一項交易是我賺錢、我的合作夥伴也賺錢，但整個社區卻遭受損失，這也不是我想要的買賣。只要我們全力投入，它們就可能是讓每個參與者都受益的專案。

我後來用簡單的一句話來設定我的業務目標：「以雙贏的方式來實現最高利益，讓所有參與者受益，比我想像的還要容易。」

我確確實實地把所有業務目標和業務計畫套進這個結構中。這讓我得以開啟正確的思考方式。我期待著事情進展會比我想像得更好，讓我感到驚訝與欣喜，因為每個參與者都有好處，也能讓利益達到最高。

各位不妨想像一下，如果這套理念得以普遍現實的話，會是多麼美好。

發現輸贏

從十八歲到二十五歲，我在推銷和業務方面的學習，都是聆聽吉格．金克拉的錄音帶和參加他主辦的研討會。吉格本身就是出色的推銷員和勵志演說家。我那時候在德州西部各地開車販售軟水器和壁板，在那些二小時、三小時、五小時的趕路車程，我一直都在聽吉格．金克拉的錄音帶。我欣賞吉格標誌性的簡短理念：「只要你能幫助大家獲得他們想要的東西，你就能獲得生活中自己想要的一切。」

後來我進入證券業，發現這是一個你輸我贏的世界。雖然不是每筆買賣都是如此，但證券交易就是一方賺錢，另一方必定有人賠錢。這是個嚴酷的行業，也是我第一次接觸到的零和遊戲。交易員彼此交談時，要是一方不小心露了底，其他交易員馬上群起而攻之，就像水族箱中的大鯊魚。

我在證券業發現怎樣都無法雙贏。這些買賣確實就是非贏即輸，不讓對方虧錢，你哪來的發家致富。有些百萬富豪級的包商靠下游廠商來建造大樓。等到要付款時總是一拖再拖，拖到下游廠商都快周轉不靈了。然後在下游廠商資金調度最艱難、面對自己員工吵著要工資的時候，富豪包商才出面透過談判協商，只同意付出一小部分的欠款。我自己就看過創業投資人玩同樣的把戲，先簽署一份投資意向書，在新創公司開辦階段牢牢控制資金。到了新創公司正需要現金的時候，創投大爺趁人之危，才出面宣稱市場條件已經有所變化，必須重新談判，增添一些對自己有利的條款。

非贏即輸的買賣不創造任何東西，只是掠奪而已。

像這種遊戲我是不玩的。我也不會跟這種人一起做專案。

我們怎麼避免碰上這種交易呢？這就要回到價值觀的原點。一般來說，我們都會展現出自己在經營運作方面的價值觀，不管自己是否意識到。所以我學會從他們的辦公室尋找一些微妙的線索。對於那些把錢放在第一位的人來說，他們對辦公室毫無感覺。我看過一些身家上億美元的人，隨隨便便就把辦公室從這裡搬到那裡，對於這些暫時居留之地，他們才不願浪費一分一毫。普遍說來，我發現熱愛工作的人，通常也都會願意投資在自己從事工作的地方。

還有第二種辨識方法。有些合作夥伴會說：「傑夫，這都是要為自己家人賺點錢嘛，大家不都是這樣嗎？」這是他在經營上的最高理念，這沒有錯啊。我也想賺錢回家，讓家人舒服過日子。可是這不會是我參與工作的全部目的！我想的是為全世界增加價值，創造一些讓大家感到快樂的新事物。

當然，到最後都是要依雙方簽訂的合約來決定。我常聽到別人對我說：「我知道這些不是我們要討論的內容，是律師要我這麼說。但這並不是我們真正要做的。」

所以，各位要是不同意交易合約文件上的內容，千萬不要簽約。要是有人要求你簽下自己不同意的契約，你就回答說：「我跟你說，我們要簽約，就只能照我們說定的來簽。」各位，如果契約文件上不能呈現雙贏，那麼實際做出來也不會是雙贏。

貪多務得的毛病

如果抱著貪多務得的心態，那也會妨礙雙贏的交易。我三十幾歲時，就買了一架商用飛機里爾二十四型，我每個月要花二十五個小時待在飛機上四處波奔。這架飛機很小，沒有浴室，坐在裡頭也不能站著，整架飛機看來就像根會飛的雪茄，不過它還是非常實用。可是有一次我搭機飛進鹽湖城私人飛機航站時，我從窗口看到旁邊停著一架灣流三型。當時這是灣流系列的最大型飛機。

我走進航站大樓問說：「那架飛機是誰的？」是當地一位億萬富翁的，他叫喬恩・杭茲曼。我以前沒聽過這個人。我說：「那麼，他是做什麼的呢？」

各位還記得麥當勞的大麥克巨無霸和以前的四盎司牛肉堡，是裝在一種聚苯乙烯泡沫塑膠包裝嗎？他經營的杭茲曼公司就是生產這些容器以及相關產品。我第二天離開該地時，他的飛機還停在那裡。我當時坐在里爾噴射機裡頭，感覺很糟，因為自己買不起一架更大的飛機。各位可以想像一下，坐在里爾噴射機裡頭卻感覺自己好窮。會這麼想，肯定是心態出了什麼問題吧！

這就是貪多務得的毛病。各位要是有這種病，那麼你再怎麼拚命都不會快樂的。

有位戴夫・布蘭查寫了一本書《再多一點就夠了》。我喜歡這個書名，有趣又機智的文字遊戲。戴夫認為我們在開展職業生涯之前，必須先決定自己想要多少。要到什麼程度，我們才會覺得自己成功？要到什麼時候，我們才會覺得自己的工作不是只為了賺錢，而是為了金錢以外的什麼？而且，我們要獲得多少，才叫足夠呢？只有感到滿足、感到足夠，我們才不會盲目追求想要更多。這並不是說你達到足夠就可以放棄目標，而是我們得到滿足之後，才能用那些錢去做一些不同的事情。我們要的不只是把金錢高高堆起，而是知道自己到了某個程度，那就是已經足夠。所以，關鍵就在於你必須知道那個足夠的頂點是什麼，如此一來才能創造出雙贏的結果。

大衛的智慧雙贏

對於我走向真正的雙贏，大衛發揮關鍵作用。他有一種建立公平交易的方式，所以我們跟對手談判時，我不會只是待在自己的辦公室，而是去找大衛，請他提供一些建議。他用很多種方法教會我這一點，所以我也沒辦只用一則小故事來總結他的指導。

這可從他自己的薪資福利說起。大衛也從事股票業務。他會投資一些小公司，幫助企業公開上市，或是收購一些上市公司，再幫助它們擴大規模。他在擔任企業顧問時，都拒絕報銷費用，也婉拒企業預先支付費用，而是以認股權證的方式來獲得報酬。例如他在簽約時，企業股價為每股二美元，他會跟公司協商選擇權，讓他日後能夠以二．五〇美元的價格收購特定數量的股票。所以當他幫企業推升股價到每股三美元或五美元時，他就會行使認股權利。他說這像品嚐自己煮的飯，特別美味。

當大衛為進展不順利的上市公司進行重組交易時，他總是會為之前的投資人和不在場的股東說話。通常碰到那種情況，根本沒人會在乎誰之前投入多少錢。大多數人的想法是，我現在才做投資，但過去那些人賠的錢也不是我的錯。不過大衛有大衛的看法。「那些人就像是離婚後的孩子，」他說，「如果狀況變得很糟糕，就必須有人站出來保護孩子。」

而大衛就是那個站出來保護孩子的人。

追逐尖叫

約翰．哈里寫過一本毒品戰爭的《紐約時報》暢銷書《追逐尖叫》，我買下這本書的紀錄片版權。這對我個人來說是個重要主題，我認為完成這個專案比從中賺錢更重要，因為透過說故事來改變世界，才是我最高的經營價值。

當時我請來一位奧斯卡金像獎的製片人，也一起找到一位屢獲殊榮的導演，準備把這本書開發成一套系列作品。不料播放業者HBO、Netflix和一些網路平台都拒絕這個提案。有的認為題材爭議性太大，或是公司本身已經有類似主題，還有其他許許多多的原因。最後我們根本找不到播映業者可以推銷這套系列作品。

後來我們把它帶到一家名為奎比的新公司，它們原本只製作四到十分鐘的短片，主要是供消費者在手機上觀看。史蒂芬．史匹柏曾為這個平台製播一套系列影片，還有其他人跟它合作過。奎比喜歡我們這個專案，同意委託製作八集影片。事情至此我們總算鬆了一口氣，但我們得到的收益比傳統紀錄片少了幾百萬美元，因此可以用來工作的資金短少許多。

我的製作夥伴提出一項對他們有利的協議，他們要拿到製作劇集的報酬，而我的投資則血本無歸，只能希望以後可以重複利用這些影片回收資金。像這種交易就是你死我活的交易，當然很容易遭到拒絕。「嘿，」他們說，「這個問題也沒有其他解決的辦法。你這樣會毀掉這筆交易。」我跟他們說那正好，因為我不做這種你輸我贏的交易。

於是我們重新討論一番，這次他們提出一些可以減輕我損失的建議，但其中一位製作夥伴將蒙受損失。「你們還是不明白。」我說。「當我說我要努力達到雙贏的協議，就表示你們一定也不能吃虧。」所以我們再回到談判桌上，大家一起做出必要的調整，直到最後真正達成雙贏的協議。

不幸的是，他們其中一項建議是要求作者少拿一點權利金。當我提出作者權利金的數字，他們認為這個價碼太高，反而希望我提出一個不甚公平的價格。

我打電話給約翰說：「你看，我們都必須有所調整，因為這個價格太低了。」

「你覺得我該怎麼做呢？」他說。我跟他說我原先的提議，那才是他應得的價碼。

「對啊！那樣才公平。」他說。

「要是低於那個價碼，怎麼看都不對勁。」我告訴他。

於是我回去找我的合作夥伴，跟大家說我們都必須退讓一些費用，才能支付公平的權利金。後來我們確實做到了。我知道這其中除了電影本身之外，還會帶來其他收益，而且我也可以把製作這支影片帶來的聲譽，運用到別的專案上。

我們原本可以強迫約翰退讓，達成對他不利的協議。但事情並沒有如此發展。他沒有親身參與談判，但還是有人為「孩子」發聲，讓這些不在場的孩子不會受到不利的影響。這樣就是三贏，讓所有參與者同時受益的交易。

我正在撰寫這本書時，那套系列也正在對外發行。那時候奎比公司因為籌資的一億六千萬美元已經消耗掉一億二千萬，因此投資方決定關門了事（所以各位看到了嗎？承認失敗也是一種選擇）。但《追逐尖叫》是奎比公司真正完成的少數系列作品之一（還有一點要注意的是：我們和奎比公司達成的協議，是一個長期耕耘的例子。經過二年後這些影片的版權又回到我們手上，讓我們能夠重新安排和調整，以得到更多利潤）。

約翰後來又寫了第二本書，是討論憂鬱症的《失去聯繫》，這也是一本重要的好書，一樣名列《紐約時報》暢銷排行榜。我一讀到早期草稿就打電話給約翰，表示我很樂意買下電影版權。後來他接到歐普拉的電話，說她的床頭櫃上也放著這本書，她也想要買下改編版權。後來的發展有些不順利，讓歐普拉無法完成電影改編，因此版權又回到原作者手上。

接著我接到約翰打來電話。「因為你在上一筆交易中對待我的方式，我希望這本書的改編版權還是賣給你。」他這麼對我說。

這就是因為交易而建立雙贏聲譽的力量。這也是建立我所說的真正財富的重要一步，我們接下來就會討論到這一點，且這一切跟錢無關。

第六章 真正的財富

想要有朋友，你自己就必須先成為別人的朋友。

（出自大衛・尼莫卡）

我早年推銷壁板的時候，我跟雷德・麥克米蘭曾經去敲過一位叫做比爾的先生的家門。我那時候還很年輕，所以他在我看來很老，大概有四十五歲吧！他住在一棟破舊的小木屋，面積不超過一千二百平方英尺（約三十三坪）。不過門前停著一輛凱迪拉克。我們那時候想賣給比爾的，是價值六千美元的建築壁板。不過除了門口那輛凱迪拉克，你不會覺得他還有什麼錢。結果他付現金購買下壁板。

之後我們去查看安裝人員工作，發現比爾正泡在自家的游泳池裡。我們開始覺得這個人很有趣，他一邊在游泳池漂游，一邊跟我們說話。原來比爾過去曾在聖塔菲鐵路公司工作，有一次在工作時從鐵路貨運棚車摔下來，背部受傷。他向公司要求十幾萬美元的索賠達成和解。

那時候，我們當中唯一一個沒有意識到比爾即將破產的人，就是比爾自己。

我說這段故事，是為了說明金錢與財富之間的差異。比爾很快就發現，錢雖然來得快，卻也去得急。財富是長久的。我們也許會有很多錢，卻未必富裕。各位可以想想那些樂透中大獎的人，意外之財不停地揮霍，好像那些錢讓他們感到過敏一樣，最後才會發現自己的景況竟然比中獎前還要糟糕。

我現在也不是在談論財富舒適柔軟的那一面，例如它帶來健康與美好的家庭，雖然這對人生確實很重要。我是從商業角度來看這件事。我們也許很有錢，沒想到有朝一日竟然會破產，我自己就曾經歷過，但要是我們擁有真正的財富，要走向破產就很不容易了。甚至可以說，真正的財富，就在於你失去所有金錢之後所留下來的東西。

人際關係、技能和資產

真正的財富是你失去所有金錢之後所留下的。那就是你的技能和人際關係。

當我在寫這些文字時，我們正處於全球疫病大流行。不過我們過去也經歷過一些危機，像是九一一恐攻和二〇〇八年金融風暴。但這次所經歷的危機可謂空前未有，股市總值在一週之內就蒸發超過一兆美元。我們說的就是如此巨大的天翻地覆。

我跟合夥人派崔克在混亂中看到機會，迅速策畫《二〇二〇年危機投資》系列紀錄片。我們找了二十位最傑出的危機投資顧問，詢問他們是否願意參與工作。他們每個人都答應了，這就是多年來累積的人脈。

這種人脈才是真正的財富。在這個世界上，孤獨無伴和結伴而行大不相同。我身上只要帶著十美元，就可以在美國的任何地方活下去，因為我已經建立許多深厚的人脈，自然能夠找到成功之路。

建立可資運用的業務關係，第一步是培養一些技能，讓別人覺得你有價值。因此，我認為技能是真正財富的第二層次，再從人脈與技能出發，我們自然而然會得出第三個層次：幫助你抓住機會的資產。這個過程即是促進成功的循環，進行自我回饋的動力。

麥斯特直效行銷規畫活動

我發現建立人際關係最好的方法，就是麥斯特直效行銷規畫活動。我之前已經寫過一些麥斯特直效行銷規畫活動的話題（尤其在第三章）以及我過去花了多少錢參加活動

（每年大概十七萬美元）。這類活動中最著名的一個，即是喬・波里斯所主持的天才網路。這個組織的會員每年支付二萬五千美元就可以參加數百人的年度活動，以及喬在鳳凰城辦公室每月舉辦二到三次的小組會議。我們在那裡會有四十到六十幾人圍成一個半圓，每個人的任務是在十分鐘的演講中分享一個想法，這樣就能為其他人帶來二十五萬美元的價值，也就是說，你可以找到一些具有二十五萬美元報酬的創業點子。這是建立人脈關係同時培養技能的好時機。

我本身就是幾個麥斯特直效行銷活動的成員。其中有一個大概有五百多人參與，其中至少一半是醫生或博士。另一個活動是消費者健康高峰會，每年一次的聚會都是醫療保健領域的頂尖思想家聚集在一起。所以，當我的電影公司開拍有關癌症紀錄片，需要收集醫療建議時，我們有一長串的聯絡人名單。我有個朋友本身是醫生，他的太太也有博士學位。讓人遺憾的是，他們的兒子患上一種罕見癌症。他們曾經邀我共進晚餐，討論孩子的治療方案。我本人只是個高中輟學的電影製片人啊，但因為我在工作上發展的人脈關係、技能和一些有用的資產，所以我能提供一些他們原本不知道、也接觸不到的選擇。

還有一個麥斯特直效行銷規畫活動叫做「作戰室」，成員大概是一百五十多人，都是網路行銷人員。我們每年聚會四次，每次一起討論二、三天，研習一些跟網路行銷有關的完整課程。哪些方法可以發揮作用？哪些方式沒什麼效果？我每次參加研討會回來，筆記本上都是滿滿的資訊和知識，可以用來自我砥礪。我另外參加一個企業家活動，一年舉行三次會議。對我來說，能跟一些像我一樣的企業家一起研討、學習和充電，那真是再好不過的了。

培養自身的價值

由於這些活動帶來人脈關係與技能的培養，因此非常值得我大量投入時間和金錢。事實上我衡量這些投資的價值，並不是我從中獲得什麼，而是我在這些活動之中投入什麼。

建立人脈關係的關鍵，並非在於我們能從中得到什麼，而是我們能投入什麼。在這些研討活動中，我往往可以分辨出誰是第一次來參與的新人。在會議室中，你可以看到他們似乎帶著一份名單，上面列出他們想要拜會和認識的名人，認為這些人對他們有幫助。這種新成員在團體中一向是找不到立足點的。因為每個人都可以看出他們隱藏其中的欲求，但沒人願意被這麼片面的對待。大家還記得鵝下金蛋的故事吧？這些新成員就是只看到金蛋，卻看不見那隻鵝。

各位如果先帶著「我如何為你服務，我能為你做什麼？」的精神去參與活動，那些吸引我的人大概也願意為我提供服務。如此一來，在你們的人際關係中，你不必介意誰占誰的便宜，友誼才會自然增長茁壯。

提供什麼技能

為了建立人際關係，我們不只是帶著提供協助的心態，實際上也要能夠提供一些技能。我過去曾是蘿拉·史列辛格博士的商業夥伴，她是擁有二千萬聽眾的電台主持人。那時候我在鹽湖城有一位心理學家好朋友，也想要建立一個自己的廣播節目，所以請我幫忙介紹蘿拉。我很高興這樣做，但像這種機會只有一次，所以我問朋友說：妳確定現在是時候了嗎？

跟蘿拉博士建立關係可以讓她成功，但前提是她必須做足功課，先做好邁向成功的準備。她當時無法提供試播的錄音帶，在鹽湖城當地也沒有廣播節目，她欠缺一些技能，也沒有先完成一些初期目標做證明。所以她開始在當地辦活動，果然吸引不少人打電話來分享自己的問題，也希望從她那兒找到幫助。經過幾年後，我的朋友成功培養出足以建立人脈關係的技能。

吉米．約文是一位企業家，他在唱片公司擔任主管，和德瑞博士一起創辦節拍電子公司，後來以三十億美元賣給蘋果公司。我聽他談到自己的成功時，歸因於他會提出這樣的問題：「我能提供什麼服務？」當初他開始工作時，只是一名實習生，負責打掃錄音室來換取學習錄音工程的機會。有一次在假期中，沒有人願意來上班工作。他接到一通電話，想請他錄製一段對話。對方沒說自己是誰，而且那只是一份沒多少錢可賺的錄音工作，但他還是答應了。結果那位打電話來的音樂家就是約翰．藍儂，也因為這次錄音工作，他和藍儂建立了關係，為約文的職業生涯上推了好大一把。經歷幾年的歷練和成功經驗，吉米本身就成為我見過最鼓舞人心的創業紀錄片主題之一，這部片子從他早年的經歷一路談到成為億萬富翁。然而，他始終把自己的成功歸因於：「我能為你提供什麼服務？」的心態。不過，我們也不能忽略這個事實：他在音樂界就是個才華橫溢的資深專業人士，投入許多時間和精力來發展自己的技能。

我在此為你服務

麥克．梅爾斯過去也是《週六夜現場》的來賓，後來轉型為電影明星，飾演過奧斯汀．鮑爾斯等角色，他的紀錄片導演處女作是二〇一三年拍攝的《超級人類》，描述傳奇經紀人謝普・高登的故事。這部影片的標題讓謝普感到有點尷尬，但最後還是接受這樣讚美，後來他出書講述專業理念與職業生涯時，也使用了相同的標題。

幾年後，我在一次麥斯特直效行銷規畫活動吃午餐時，有個我認識的人走過來，指著我身邊的空位，表示他能否坐在那裡。這一位就是謝普・高登，不但是我的偶像之一，也是這次活動的驚喜嘉賓。他也是為大家提供服務來建立人際關係的典範。接下來的一個小時裡，我不斷向謝普提出問題，吸收他指導的一切。

謝普代理過的超級巨星包括：艾里斯・庫伯、金髮女郎、泰迪・彭德格拉斯、山米・哈加爾和平克・佛洛伊德；但他從來不跟任何人簽訂什麼書面協議。謝普的專業理念是：如果是他不能信任的客戶，那麼他們就不應該成為客戶。客戶與他的關係是互相信賴。當年哈加爾創辦卡波・懷波龍舌蘭酒和同名餐廳及連鎖夜店時，他跟謝普只是握個手就達成交易。

謝普告訴我，一些有才華的經紀人向他請教時，他也會花時間跟他們一起討論如何做得更好。要怎麼做才能變得更有效率？要如何經營才能賺更多錢？但他告訴我，他們裡頭沒人問過要怎麼讓客戶賺更多錢，而是問：要怎麼才能成為客戶更好的經紀人？

這也是謝普每天早上醒來後會問自己的問題。他要怎麼做才能為艾里斯・庫伯賺更多錢，讓他的客戶過上更好、更輕鬆的生活？這就是謝普全部的關注點，都是其他經紀人懶得問的問題。所以說，他的成功絕非偶然。

大衛的智慧
百萬分之一

大衛的妻子英格麗是他一生的最愛，也是他眾多人際關係中最美好的一段。他總是會想到一些有趣的活動來為她慶祝生日快樂。有一年太太生日快到時，他問：「妳生日當天想去哪裡吃午餐嗎？」

她還在想的時候，他說：「妳跟教會那群婦女喜歡去的那個地方怎麼樣？」

他說的是一家叫做金色圍欄的餐廳。我不會說這家餐廳好不好吃啦，因為他們住在猶他州梅普頓，也沒有太多的選擇。

生日那天，大衛就帶著英格麗來到金色圍欄。他們走進餐廳，就看到許多氣球從天花板降下，一群電視台工作人員跳出來，餐廳經理拿著一張偌大證書衝過來。這是一場盛大的慶祝活動，因為英格麗是黃金圍欄餐廳的第一百萬位顧客……她贏得了一輛全新的汽車！汽車經銷商馬上帶她走出餐館，去看看那輛新車，然後英格麗才愉快享用她的生日午餐。

這個彷彿是一生中最難得的驚奇巧合。吃完午餐後，英格麗愉快地開著車在城裡繞了一圈，探望孩子和孫子，跟大家說說得到汽車大獎的故事。

等到他們回到家，大衛單膝跪下，彷彿準備再一次求婚。不過他沒有拿出戒指，而是給了她一張卡片。

其實那才不是什麼第一百萬位客人的大獎。那些電視台新聞人員，只是大衛雇來的拍攝團隊。而那輛新車是大衛幾天前買來送她的生日禮物。

「這些是給妳的，英格麗，」卡片上寫著，「因為妳就是那百萬中的唯一。」

這是給予和接受的財富，只有大衛才辦得到。

表現謙卑

我的朋友大衛．盧恩，才華洋溢、遠見卓識超乎尋常。他在哥倫比亞大學獲得新聞學和商業碩士學位，曾擔任珍．芳達健身公司的總裁，也是花花公子家庭影片的創辦人之一。我發現大衛一旦要開始一項新專案時，都會跟很多人、包括我在內預約見面，好向大家提問一些相關資訊。「嗨！」他會說，「我正在考慮這樣做，你認為如何？」企業家提出點子時，通常都非常熱衷於自己的想法，無法容忍任何批評。你往往會感覺到對方抱著防衛的心態。

大衛則相反，他會把他聽到的一切仔細記錄下來，深入思考。「這一點我沒有考慮過耶！」他說，「老兄，我很高興聽你這麼說，這樣真的很好。」我相信抱持這樣的態度會聽到一些對他有幫助的內容，而且這種相處經驗讓我感到非常高興，因為這麼一個聰明人希望你來接近他，也真誠希望你能幫他思考一些事情。後來我們的友誼日見增長，距離更加親近。

隨著時間累積，大衛跟許多有權有勢的人建立深厚關係，部分原因就是他態度謙虛，也樂於尋求大家的建議。事實證明，他這套方法中有一個心理學原理在發揮作用，因為對那些會找我們尋求建議的人，我們通常也會給予高度評價。我相信大衛這麼做不是想要操縱大家的感受，而是他深思熟慮和謙虛性格帶來的好處。他因為樂於向大家討教，所以強化了他和所有朋友的關係。

透過給予而成長

我有一位導師路易斯・史波特利，在賓州小鎮建立了一所很成功的整脊按摩診所。他後來也擔任美國整脊按摩療法協會主席和整脊按摩師醫療事故保險公司的主席。毫無疑問，他在整脊按摩治療產業中是最有影響力的聲音。

我和他認識不久就收到一封他寄來的感謝信，一個月後又收到一本書，上面貼著一張便利貼：「來自路易斯・史波特利圖書館」，指名送給傑夫・海斯。他在包裹中附了一封信說明，為何他認為我對這本書可能有興趣。在接下來的幾年裡，我大概每二、三個月就會收到一本路易斯寄來的書，並附上一張手寫便條：「嗨！想你啊。這本書讓我想到你，我想你會喜歡。」

很多人都知道我從來不打領帶，但有一年生日，路易斯送來一個包裹，裡面是一條Brioni的名牌領帶，這是非常昂貴的義大利設計師品牌。送禮的路易斯特別把它從盒子裡拿出，先把領帶紮好再放回，又附上一張紙條說：「傑夫，我先把它拿出來紮好囉！因為我知道你不會紮領帶。」

他不是只有對我這麼體貼，而是對每個人都如此。他住的賓州小鎮每個高中畢業生，都會收到一本路易斯贈送的書《一千零一種職業生涯》，並附有一張寫給畢業生的紙條寫著：「恭喜你高中畢業！這證明你可以完成一些事情。各位會注意到我在書中強調『整脊矯正』。但我不是想要引導各位朝這個方向或那個方向發展。不過你要是對這種職業感興趣，可以打電話給我，我很樂意跟你分享我的經驗。謹以這份禮物祝賀你取得的成就！」幾十年來他都這麼做。

路易斯每天都會買五張一美元的樂透彩券。當洗車工人做得很好或有人在雜貨店對他微笑時，他會馬上請教他們的名字，又送他們一張彩票，附上便條說：「嗨！謝謝你把我的車洗得這麼乾淨。我祝你贏得一百萬美元的大獎！」各位可以想像這樣的慷慨會帶來什麼效果嗎？他就是這樣一個接一個，在一個小鎮中建立價值數百萬美元的關係。雖然他的整脊醫療賺的是金錢，但這些人際關係才是真正的財富。

建立聲譽維護名聲

建立人際關係的一部分就是建立信用和聲譽，這可不容易。因為我們可以控制自己的行為和後果，但我們無法真正控制別人的看法。我認識很多傑出人士遭到誹謗和小人算計。而我們在職業生涯的某個階段，也會碰到某些蓄意打擊的競爭對手，或無意間引發他人的誤解。

我現在學會把自己的聲譽看做不僅僅是我所擁有的東西，而是一種我必須介入管理的事情。建立聲譽最簡單的方法，就是堅持做到第五章介紹的真正雙贏交易。雖然我們抱持良好初衷，但有時候就是不盡人意，萬一事情出錯，搞得一團糟，我們就要站出來清理乾淨。我的原則是在力所能及之處，儘量提供彌補，在力所不及時，尋求對方的諒解。遭遇失敗或做錯事並不可恥，光是抱持恥辱完全沒有用處，甚至不能說是懺悔。

在麥斯特直效行銷活動中，很多人介紹到我時，都會誇大我的成就。我也看到很多人是這樣被介紹的。有些人經常自吹自擂，誇大那些和他們交往的個人，連帶讓自己形象看起來更高大。所以要是我在台上聽到有人介紹我時，說「奧斯卡金像獎紀錄片導演傑夫．海斯」，總是感到一陣尷尬。我會馬上感謝他們的讚美，並澄清事實：我只是擠進奧斯卡金像獎的候選名單，但我還沒獲得提名，也還沒獲獎。對於建立聲譽、維護名聲來說，避免他人過度誇大也是很重要的。

從正確的檔位開始起跑

我們都知道汽車起動時，不能用四檔開始。各位要是開過打檔車，一定會明白我的意思。我們開車時，如果打錯檔，不小心掛到三檔去，車子一下子就熄火了。我們要打到一檔，車子才能順利起動。

這並不是因為車子壞了，也不是變速箱故障或引擎有問題。純粹只是打錯檔位而已。

我們學習技能與建立人際關係，就跟汽車打檔起動一樣。我憑藉歷年來的經驗，學會清晰自我評估：我真正的技能是什麼？我可以依靠哪些人脈關係？根據設定的方向和目標，還可以問自己更多問題：我需要哪些技能和人脈關係，才能到達目標呢？然後認定方向之後，我們才投入資本與時間，慎重開發。

各位現在就是培養技能的最佳時機。不管我們想要實現什麼目標，都有人寫過相關主題的書。或許有些書寫得不夠好，各位必須從零零碎碎的雜音之中找出真正的好東西。其中就是會有一些好東西。或者我們也可以在 YouTube 影片上學會許多知識和技能，從怎麼煎好一顆完美的雞蛋，到如何打上複雜繩結，甚至怎麼編寫軟體都有。

儘管如此，我還是要認清現實。培養成功所需的技能需要時間。各位還記得麥爾坎．葛拉威爾說過，掌握某項特定技能需要一萬個小時的練習嗎？這就他的書《異數》討論的重點。雖然葛拉威爾提出的法則後來受到研究人員的挑戰，但基本觀點還是成立的：培養技能需要時間。這裡頭的好消息是，當我們投入時間即可培養技能。我以前在學校學過二年西班牙語，但我還是不會說西班牙語。有些人的確可以輕鬆學會新語言，像我就根本不可能。但事實證明，只要投入夠多的時間，任何人都可以學會一門新語言。要達到一定程度的西班牙語大概需要學習八百個小時。那麼我中學時怎麼學不會西班牙文呢？因為我每天只學習四十五分鐘，時數加起來根本不夠。各位如果每天花二小時學習西班牙語，每週練習五天，那就需要八十週的學習。不過不同語言所需的時間也不一樣。例如要學習俄語的話，必須花費一千六百個小時才學得會。

越來越多人認識我之後，會邀請我吃午飯，向我詢問各種話題，從怎麼製作紀錄片到如何建立群眾募款、收集電子郵件清單等等。很多人似乎認為，花四十五分鐘跟我吃頓飯、喝杯咖啡，他們就會帶著完成任務所需的技能離開。很多人真的這麼認為，在跟我聊過之後就貿然啟動專案。他們認為跟我談過一次話就能掌握一切，但事實上那四十五分鐘裡真正能說的只是冰山的一角。有些技能我可是花了一輩子的時間才培養出來的。因此，他們的專案一次又一次地失敗，自己卻不知道為什麼。這麼說好了，你不會邀請醫生一起吃個晚餐，就問他說：「嘿，我想自己割盲腸，先問問你有什麼建議？你可以教我怎麼割盲腸嗎？」

技能培養不能走捷徑。了解自己知道什麼很重要，但知道自己不懂什麼也一樣重要，也就是說，我們要對自己正處於什麼檔次有所理解。否則，你一跳進車裡即踩下油門，車子馬上就熄火了！

你準備好了嗎？

我希望現在大家都已經明白，培養技能對於發展人際關係的重要性。對我來說，這樣的技能才是財富的本質，也是生活與商業成功的重要關鍵。我不希望各位若要去參加一場麥斯特直效行銷活動，卻沒有自己可以發揮的技能。因此接下來，我們就要來談談技能：這些都是我學會的、保留在工具箱隨時備用的工具，並向各位說明如何使用它們。

第二部／工作技能

第七章 行銷活動

不要愛上你的產品，而是愛上你的客戶。

（出自傑伊·亞伯拉罕）

我在二〇一三年參加一場麥斯特直效行銷活動時，確立了自己紀錄片業務發展的重要支柱。當時我在一間有二百人參與的會議室，想知道自己花了二萬五千美元的參加費是否白白浪費。那天坐在我旁邊的是一位叫做保羅·霍夫曼的先生。我們彼此自我介紹後，就針對企業主題聊了起來。

「你有建立電子郵件清單嗎？」保羅問我。

電子郵件清單？「喔，有啊！」我說，「不過名單不大。」大概只有八千人而已。

「那份清單是怎麼來的呢？」他問。

「他們買東西留下的。」

「除了買家之外，你們不收集其他人的電郵地址嗎？」保羅說。

大概就在這個時候，我坐在這場研討活動中，才發現自己根本是個白痴嘛！如果那時候各位瀏覽我的電影公司或我其他企業的網站，就算你願意，也找不到地方可以提供電郵地址。只有等你買了東西之後，你的電郵才會列入我們的清單。除此之外，幾乎都不可能。

其實行銷活動很大程度就是跟通路有關，而電子郵件就是一道重要的通路。所以我一回家馬上上網補救。各位如果想看我的電影，我不會跟你要錢，但我會請你輸入電子郵件網址。現在我擁有超過百萬人的活躍名單，靠著這份清單，每個月就能產生數十萬美元的收入，跟二〇一三年的零收入不可同日而語。這一切都是從我和保羅・霍夫曼坐在一起開始的。而且更棒的是，保羅現在也是我最好的朋友之一。

銷售和行銷

大家有時會搞混銷售與行銷，以為它們是同一件事。但其實不一樣。這是二個獨立的競技場，需要二種不同的技能。我們若要了解行銷的重要，首先就要認識到銷售與行銷的差別。

我在製作《炒作華氏九一一》時，對這二者之間的差異非常清楚。我以前在凱普史東電影公司製作兒童影片，透過電話推銷做買賣。我們必須賣掉每一份烤貝。沒有人會打電話來電影公司問：「喂？你們有賣兒童電影嗎？」而是要我們主動出去尋找機會、推銷和販售每份烤貝。這就是銷售。

而《炒作華氏九一一》是針對麥可．摩爾的大片《華氏九一一》提出思辨觀點，這樣的影片在市場上有空間。當時沃爾瑪同意採購十萬片光碟。我們也把它放在百視達貨架上，就有人過來買。我們只需透過廣告讓大家知道有這支影片，然後在商店上架販售即可。這就是行銷。

行銷工作是要建立品牌，吸引潛在客戶，讓大家熟悉你的產品，如此一來銷售人員要去銷售貨品會更加容易。行銷活動做到最好時，其效應可不只如此，而是會自行帶動銷售的擴大。

所以各位不要把銷售和行銷混為一談。我們需要一名行銷經理來管理行銷活動，也需要一名銷售經理來管理銷售業務。

沒有別人，只有你

我在本章開頭談到保羅・霍夫曼和我收集電郵清單的故事，也在第六章談到開拓人脈關係才是你的真正財富。我現在還有一個重點要告訴大家：如果你是個創業家，無論你從事什麼業務，都必須掌握行銷技能。行銷這種任務，不管你多麼想委外處理，都沒辦法做到盡善盡美。行銷工作如果你自己不做，像我這樣的人就會趁虛而入，進來分你一杯羹。這可不是隨便說說而已。

我有加入一個叫心靈分享的活動團體，由JJ・維金主持，她是暢銷書作家、健身大師，也是個企業家。這是個龐大的團體，大約有六百人，通常都是一些醫生或健康醫療保健領域的業者，對於健康行銷事務一向十分關注。這個團體裡的《紐約時報》暢銷書作家，也比我參加的其他團體還多。這團體對於那些從事計時收費工作的人最為合適，讓他們得以轉換經營模式，獲得更多時間上的自由及擴大影響力。JJ・維金的麥斯特直效行銷活動教授一些成功事業所需的行銷技巧：藉由出版專著、建立網站、開發系列產品來提升自我推銷。

我在麥斯特活動中一遍又一遍地聽到同樣的話：「我可以找到誰來幫我做這件事？」前來參與活動的人大都很有錢，他們都想花錢找人做行銷，不必靠自己學習。他們很樂意每年支付十五、二十萬美元，找人管理行銷業務；但這種作法注定要失敗。

他們真正的想法是：「嗨！我每年付給你二十萬美元，這樣我就能賺到二百萬美元。」

人家要是發現自己的行銷技巧可以為你賺二百萬美元，他們就不會再為你工作，而是為自己賺二百萬美元。對於那些已經建立了聲譽的頂級文案撰稿人來說，直接透過撰寫電郵和網站貼文，每年賺取超過一百萬美元並不少見。所以他們會為自己做生意，不會幫你做買賣。

就算你從底層發現這樣一個人才，讓他步步高升，終究也會像顆早晚要爆炸的定時炸彈。這種人一旦發現自己的技能有多少價值，他們肯定會離開。

各位如果想經營事業，就必須投入時間學習行銷。這是各位可以培養的最有價值的技能，等到你擁有行銷技巧，其他所有技能就更能發揮加倍功效。大衛・尼莫卡曾經跟我說，我們的想法占成功率的百分之二十，其他百分之八十要靠行銷。各位建立的事業若衝到了第二階段，且有能力籌組行銷團隊時，也要自己構思和監督行銷計畫的執行，直到你的公司做得非常成功。

行銷業務不要委外進行。我發現大多數成功的行銷公司，最厲害的就是為自己行銷。他們最擅長的不是為你行銷，而是對你行銷。

所以，行銷正是一座你必須克服的大山。我在這一章要跟大家分享一些可以幫助各位的工具。這是我一生做行銷的經驗與接受培訓的菁華，其中討論的主題都可以單獨寫成一本書了。各位把這一章看做是學習指南，指導各位應該專注學習的重點。

行銷升級

各位的目標必定是我所說的第三級行銷。

第一級行銷只是個陷阱，會讓那些不聰明、不成熟的企業躲不開而陷入困境。所謂的第一級行銷，就是以產品功能為主導的廣告和宣傳：例如「看看我們為 iPhone 設計的新型玻璃螢幕保護貼！」

第二級行銷比較聰明一點。「這不是功能，」他們會說，「而是優點！iPhone 貼上我們的螢幕保護貼，才不會刮傷破裂！」這個水準的行銷強調的是做了什麼什麼才能怎樣怎樣。這一級的文案，標出產品的功能後就會說：「在你的 iPhone 貼上我們發明的螢幕保護貼，才不會刮傷損壞。」把功能和優點結合起來，只需簡單幾個字。

但第三級行銷才是王道。第三級行銷說的不是功能，也不是優點，而是消費者買了你的產品後，會變成什麼樣的人。這種文案帶來的是一種認同：「看看派對上那些很酷的妹子，大家都在搖晃新的玻璃貼！」

讓我舉一個真實的例子：GoPro 相機。我的朋友羅恩．林區是我認識最厲害的行銷人員之一，他精心製作 GoPro 相機的廣告。他在廣告上本來可以介紹這款相機的堅固耐用、防水功能，而且體積小、重量輕。這只是第一級行銷。他也可以談論隨身攜帶 GoPro 相機，不管是騎越野車、跳傘，或任何戶外活動都很合適。這是第二級行銷，而且有很多相機都有類似的功能和優點。

以上各種功能和優點，GoPro 相機廣告都沒說，反而是讓客戶提供他們拍攝的震撼影片。看著戶外運動人士穿著飛鼠裝滑翔衣從山頂飛躍而下，騎著登山車沿著刀鋒般的山脊往上衝，或者光用一隻手的力量懸掛在陡峭的懸崖上。羅恩傳達出來的訊息很清楚：購買 GoPro 相機的人，是冒險家、是越野好手。這就是最好的第三級行銷。

開車的不是孩子

這是迪士尼流行的一句話：開車的不是孩子。他們很久以前就知道，兒童電影的行銷對象不是兒童，因為他們不會自己去看電影。如果要賣一部兒童電影，就必須賣給兒童的爸媽才行。知道這祕訣的也不只有迪士尼。各位如果仔細看華納兄弟一九四〇、五〇和六〇年代初期的卡通，也會發現一些孩子不會了解的雙關語。那些就是為了吸引兒童爸媽鋪下的哏。現在像夢工廠製片公司也還是這麼做。

這裡可以學到的教訓是，我們在行銷時必須了解決定購買的每個人。如果是要向女性銷售產品，你必須給予她們足夠的理由，向她們的配偶解釋買這件東西為什麼是個明智且合理的選擇。要向男性做行銷，也是一樣的作法。

我們做行銷不只是針對那些可能的客戶，也可以向他們的朋友推銷，因為朋友會影響他們的決定。我們也可以向潛在客戶的另一半做推銷，因為另一半會想知道他們為什麼想買某件東西。

不要把自己當做英雄

我們都看過某些廣告，也許是家具店的廣告：「我的曾祖父開了這家店，我們從一九二四年就來到這裡，現在是商業改善協會與商會的成員。」這種廣告說的都是我們、我們、我們、我們。這是最常見的第一級行銷。

但觀眾並不關心你的曾祖父啊！他們想知道的是：能否以優惠的價格提供優質家具，在運送、安裝和售後方面能提供哪些優質服務？第二級的廣告是：「當我爺爺坐在我新買的躺椅上，他會覺得多麼舒服？」而第三級的廣告是：「我的鄰居會怎麼看待我的新客廳？他們會邀請我參加一些權貴人士出席的晚宴嗎？」

不要誤把自己當做產品，也不要讓自己成為廣告故事中的英雄，像是《星際大戰》中的天行者路克。那些觀眾和你的顧客，他們才是路克，而你是指點路克的尤達。我在開始做專案時，運用的就是這個經驗法則：讓客戶成為路克，而我扮演尤達，負責訓練年輕又神奇的識貨人。原力對你來說很強大，但我會指導你！

保持簡單

我最近跟一些文案撰稿人合作，我會問他們一個問題：「川普會怎麼說？」這裡當然不是指政治評論，而是行銷評論。多年來，行銷人員的經驗法則就是把文案瞄準在五年級到七年級的水平，而且最好是五年級啦。這是公認的標準作法。

後來，我們都看到川普，他的演講可能只針對二年級或三年級的程度——再次強調，這不是批判，只是我的觀察——但從來沒有哪個總統比他更懂得和支持者有效地溝通。大家可能都忘了：所謂智商只有一百，這是指平均水準，所以你要溝通的對象搞不好有五成的智商只有二位數，無論你是進行政治行銷、競選行銷，還是行銷電影或其他小商品。

為了讓自己聽起來很聰明，我們也常常說得好像自己很聰明。但真正的傳播人都知道，如果我們要觸及到大量閱聽受眾，就算瞄準五年級到七年級，也可能瞄得太高了。

你說得越簡單，概念就容易散播傳送，情況就會越來越好。

無法拒絕的提議

提議的關鍵點，就在於要讓人們無法拒絕。你可以透過消除客戶的風險來做到這一點。即使只是提供他們免費的提議，對客戶來說也可能存在風險。你要求客戶投入時間，分享他們的電子郵件位址。他們會評估值得這樣做嗎？

那麼，我們可以再加一點好處看看。各位可以回想以前的電視廣告，他們不斷在詢問：「現在你願意付多少錢？」如果他們是在賣手套，就會不斷增加價值，比如加購帽子較便宜，再加購圍巾會更便宜，直到那個價格低到讓人無法拒絕。

不過我們常常發現，讓提議變得難以拒絕的最佳方法，就是飢餓行銷。你以前一定聽過這種廣告：「產品限額一百份，在額滿前趕快打我們八○○的免費電話！現在就打吧！」

佛羅里達的行銷大師迪恩．傑克森，最喜歡討論這種黑手黨的辦法：這是一個你無法拒絕的提議。他實在是位行銷大師啊！有一次他發給我一封電郵，提供價格五千美元的行銷研討會。我是想去，可是難以下定決心。萬一我花了五千美元卻毫無所獲，那該怎麼辦呢？所以我沒有答應。接著我又收到他的另一封電郵說：「你就飛過來參加研討會，三十天後覺得自己獲得五千元的價值，再付款給我也行。」這是黑手黨不能拒絕的提議！所以我沒有拒絕。

核心催化聲明

核心催化聲明概括陳述了你的業務目的，以及你推向市場的基本銷售主張。核心聲明越短越好，越簡單越好。我們的行銷業務就是由此開展的。

有史以來最好的核心聲明之一是聯邦快遞的「使命必達！」這句話雖然已有一段時間沒再提起，但是它讓大家都有個基本的理解：「明天就會到嗎？那我們就用聯邦快遞吧！」而它們整個業務都建立在這個核心聲明上頭。另一個很棒的例子是達美樂披薩：「外送披薩三十分鐘送達，否則免費！」你如果是想吃世界上最好吃的披薩，你不會想到達美樂。但是如果你的孩子正在喊肚子餓，你一時之間又沒什麼想法，那麼達美樂就能幫你解決問題。我們傑夫．海斯電影公司的核心宣言是：「電影帶來感動。」對我們來說，觸動觀眾內心比電影拍得多麼炫目更重要。若是忘了這初衷，我們只會拍出自我陶醉的電影，難以讓觀眾感動，我們會很後悔拍出這樣的影片。

獨特銷售點

獨特銷售點（unique selling proposition；USP）是行銷大師傑伊．亞伯拉罕在大約二十五年前提出的概念。這概念首先問到的是：「你跟競爭對手有哪些差別？那些選擇你的客戶是因為什麼？」如果你在鹽湖城做家具生意，你的獨特銷售點可能是這裡唯一和北歐家具製造商有直接關係的店家，你不必透過中介商就能提供更多選擇，這一切都是因為你跟北歐廠商的連結。因此，你不是一家普通的家具店，而是具備特點的家具店。

傑伊當年提出這概念堪稱革命性，但現在大多數人都已經學會這麼做了。你若還不了解，就會處於劣勢。因此，我們必須花時間專注在自己的業務，找出與眾不同的特點，然後告訴市場。

這種思維的更高層次，是獨特銷售機制（unique selling mechanism；USM），這是傑出行銷商阿果拉出版公司運用的概念。獨特銷售點是跟店家本身有關，而獨特銷售機制則是以客戶為中心。當你的客戶過去面對多次失望時，你的產品有何特色可以讓他們滿意？這個概念非常適合後勤支援業務。假設你的獨特銷售點是提供市場上最純淨的魚油，那麼你的獨特銷售機制是什麼呢？當別家產品不起作用時，而你的產品之所以有效，是因為它的顆粒尺寸只是一般魚油的十分之一，所以可供人體正常吸收。

不過我得澄清一下：我只是舉例說明。我可不販售魚油。

大衛的智慧
今天是兒童節

大衛的生日是三月二十六日。不過這一天他並不以自己為中心，而是整天都奉獻給他的二十八個孫子。所以他說這一天是兒童節。

每次這個兒童節到來，大衛都會休假一整天，租來一輛巴士，帶著孫子列出他們最想做的所有事情，不必徵求父母同意。有人想去游泳、有人想騎馬、有人想吃冰淇淋、有人想去電影院。只要是他們想做的每一件事，他們都可以做。

大衛會帶整群小朋友去戲院看十分鐘的電影，然後帶他們去買冰淇淋。整天都塞滿了孩子的活動。大衛生日這天，自己並不是主角，而是孫子想幹嘛就幹嘛。

大衛有七個孩子，在撫養過程中，他會跟孩子一起培養愛好，從事某種運動或活動。這些活動他都分別一個一個陪小孩做。他和一個兒子一起飼養世界冠軍的賽鴿，跟另一個孩子一起飼養阿帕盧薩品種馬，另二個兒子分別飼養迷你馬和世界冠軍的賽馬。還有一個孩子是養四分之一英里優種賽馬。他有很多孩子，所以很多活動要跟他們一起參與。他用這種方式讓孩子明白自己的獨特，他認為每個孩子都是獨特的存在。

三種成長方式

我們要再跟大家介紹傑伊・亞伯拉罕提出發展業務的三種方法。

- 第一個是提升客戶數量。這是最明顯的選擇，也是大多數人運用的方法。但這在建立業務時也是最困難、成本最高的方法。接下來的二個方法比較容易，但經常被忽略。

- 第二個方法是增加顧客的購買量。你想要擴大訂單的額數吧？
- 第三種方法是提升顧客的購買頻率。例如每月採購就可以獲得折扣！

整脊按摩師會採用第一種方法，儘量吸引更多客戶上門。我在製作整脊按摩師的影片時，曾問過他們最重要的需求是什麼，幾乎所有人都會回答吸引更多新患者上門。因此他們會做的就是郵寄宣傳品、在報紙上購買大篇幅的廣告，在一些百貨商場提供免費的脊椎檢查。這樣的宣傳作業當然不是很輕鬆，尤其客戶流失和上門速度一樣快或更快的時候。

後來，大約是在三十年前，有幾個聰明的行銷大師開始指導他們一些更簡單的方法。行銷專家說，客戶會進門，就是他願意相信你說的話。所以按摩師可以做出第二種選擇：遊說客戶購買訓練課程和營養補充品，讓既有客戶擴大消費來改善自己的健康。而且販售補充品之後，也會帶來第三個選擇：提升消費頻率。整脊按摩師開始主動提供一些健診規畫，而不是被動等待患者上門。他們鼓勵患者按月付費來進行多次診療，也可以帶著家人一起參與每個月的診療規畫。

我碰過一些整脊按摩師，因為不接受這種作法，生意爛到快餓死。有一些整脊按摩師按此經營，每年賺入一百萬美元。

其實這也不是現在才有的新智慧。早在一九〇〇年代期，雷克薩在藥妝店販售奶昔時，行銷大師艾瑪・惠勒就為雷克薩擬定宣傳新策略。每次有人點一杯奶昔時，店員就一手舉起一個雞蛋，另一手舉起二個雞蛋，問道：「要加一顆蛋還是兩顆？」很多不想要雞蛋的人會說一顆，還有很多本來只想要一顆雞蛋的人會說二顆。如此一來雷克薩的雞蛋銷量又增加了好幾百萬顆。

應用這種智慧的人還有很多，整脊按摩師也不是唯一。現在大概很少人記得，蘋果公司一度風雨飄搖，處境危險，讓微軟公司不得不伸出援手，投資競爭對手一億美元以免蘋果倒閉。這是因為微軟擔心如果一家獨大，最後可能因為反壟斷法而面臨法律攻擊。如今蘋果公司快速發展，已經成為規模更大的企業，股票總值甚至超越當年拯救它的競爭對手。

讓蘋果公司一躍登上頂峰的產品是音樂播放器「iPod」。當年蘋果公司的賈伯斯說「口袋裡裝了一千首歌曲」，讓大家逐漸喜愛使用 iPod，後來又慢慢延伸引導客戶購買 Mac 電腦以及隨後的一系列產品，從筆電 MacBook 到 iPad，又到我正在撰稿時剛推出的 iPhone14。這個經營策略是，一旦你擁有了一款蘋果產品，再添購其他產品就變得更容易，因為這些產品互相搭配的效果非常好。

順便說一句，我當年那家「Pod 健身」公司，雖然因為名稱和蘋果上法院訴訟，花了一百萬美元，但我還是購買了蘋果公司生產的所有產品，因為我一開始就使用蘋果的產品，後來跟所有蘋果產品搭配使用都很方便。要說到引導客戶更加深刻投入，不但增加購買量也提升採購頻率，沒有人比蘋果公司做得更好！

漏斗的力量

行銷專家傑夫．渥克也是《紐約時報》暢銷書《一週賺進 300 萬》作者。這本書的副標題真實講述作者的故事：網路百萬富翁的必殺絕招，幾乎什麼東西都可以上網銷售，建立自己熱愛的企業，過上你夢想的生活。他其實不是販賣這本書，而是送給大家，只要花費七．九五美元的運費和處理費，就可以得到這本書。每本書的成本是二十一元，但是他只拿到七．九五美元。因此送出那麼多書，他要虧損一大筆錢。但這招的確有效，他送出很多書。

對傑夫來說，送那本書只是漏斗交易的第一步。他在訂單頁面上增添「加價購」，鼓勵買家採購其他東西。交易結束時，他又來最後一招：一鍵加購。

一些最昂貴的操作課程，傑夫通常售價為二千美元，但它把價格降低到二百美元，放在漏斗交易中看似委屈。然後，他看看自己的宣傳文案：「售價二千美元的課程，現在花二百美元就能買到！」這是第一級和第二級的行銷。但他把它提升到第三級：「各位研習這門課程之後，你的生活就會發生如此的轉變！而我跟你說，原本二千美元的東西，現在二百美元就買得到。」

銷售量暴增啊！好多人因此點選加價購，所以他每送出一本書就賺了二十七美元，而不是每本書虧損十三美元。這個經營策略讓他能夠大幅擴大行銷規模，透過許多行銷管道推動龐大銷售，所以他免費贈送的書甚至榮登暢銷書排行榜。

引導磁鐵和絆索

這種方法提供的第一個優惠，我們有時稱之為「引導磁鐵（lead magnet）」：它是一種讓你幾乎無法拒絕的優惠，才能帶來後續合理的優惠提議，這些提議的共同作用就是要增加客戶的購買量。

儘管我不想把商場視為戰場，把客戶看做是傷亡者，不過我們有時候的確會在瀏覽路徑上放置所謂的「絆索」，讓主力產品的一小部分發揮吸引力。這些安排就是磁鐵和絆索。

擴大漏斗管道

把所有這些方法結合在一起，包括引導磁鐵、絆索，再加上一系列加價購產品，你就擁有強大的行銷規畫要素。首先要把消費者吸引進來，進來之後再引導他們購買更多產品。我們一旦把產品推向市場之後，所面臨的挑戰就是延長採銷售路徑：已購買這項商品的人還會想要買什麼？

我們以區塊園藝為例。把小花圃畫分成更小的區塊，通常是畫分成一平方英尺，我們的引導磁鐵是什麼呢？在一平方英尺小花圃種植得獎品種番茄的免費影片。我們要布下什麼絆索？提供區塊花圃的規畫，讓消費者自行去當地五金店採購組裝物品，平均成本不到四十美元。接下來是推出付費影片，介紹四平方英尺大的花圃或屋頂花園，可以種植供應整個夏天享用的新鮮蔬菜，以及介紹冬日醃製罐裝蔬菜的作法。你的客戶可能還需要什麼呢？專門為區塊花圃製作的肥料和種子，可以直接運送到他們家門口。提供二小時影片，按規畫步驟指導建造和照料區塊花圃。最後一招呢？直接派二個人過來為客戶建造一個區塊花圃，你看怎麼樣？

這些就是我們準備在系列紀錄片時想要達成的任務。在免費影片播映完畢後，週末會重播。二週後，這些影片開始發揮促銷作用。每次重播都會帶來百分之十到十五，甚至是百分之二十的新訂單。

五種提升行銷的方法

我的業務擴展都是運用傑伊的三種方法，為此我們也研究出五種提升行銷的方法。

首先是提升銷售引導。我從事的業務都必須吸引並帶動客戶。正如我們剛剛所說的，要吸引更多客戶上門的代價相當昂貴，所以把這些成本控制到最低是非常重要的。我們也許會在臉書、Google 關鍵字、電視或廣播上做廣告。但不管我們做的是什麼廣告，我們都要先知道關注我們的潛在客戶在哪裡，要吸引他們過來需要多少成本，以及有多少潛在客戶會變成真正帶來收益的客戶。所以我們一開始就要先找到最好的銷售引導。

從二〇一五年開始，臉書的引導效果最好。這並不奇怪，因為臉書已花了幾十億美元來提升廣告服務。當我們把客戶清單上傳到臉書，他們就會利用電子郵件網址來尋找臉書用戶。然後，臉書可以幫你找到最佳客戶，把你的廣告投放到特性符合需求的閱聽受眾群體。現在我們就可以利用臉書投資的幾十億美元來提升自己的銷售引導，推動業務擴大規模。

第二個方法，是要進行轉化提升，透過引導把潛在客戶轉化為買家。我們會在網站上運用不同的訊息和圖像，進行A／B對比測試。我們會建立幾種不同版本的登錄首頁，透過臉書廣告吸引大家上來瀏覽，然後進行比較，看看哪個版本的轉換效果比較好。登錄首頁上的按鈕顏色和頁面文案都可以隨時改進，這項工作是永遠做不完的。我們要做的就是測試再測試，每測試一次都是為了提高轉化率。

我們透過測驗探索一些令人驚訝的知識。我原本認為宣傳系列紀錄片的最佳方式，是把系列作品所有三十人的照片放在登錄首頁上。我認為這樣才會有效。結果我們發現，在頁面上放置較少的資訊，反而帶來更多點擊，一次提供太多資訊給客戶，他們反而不知道該怎麼辦才好。

第三種方法是提升平均訂單價值，這是傑伊提出的第三種方法。每當有人購買產品時，我們都會嘗試讓他再多買一些。所以，我們要在訂單上增添些什麼？如果你是購買營養產品，加價購可能鼓吹買三送一，一次購買三件就免費加送一件。等到他們完成購買並輸入信用卡號之後，我們不會直接把他們帶到交易完成的感謝頁面。而是再送出追加銷售的優惠報價給他們，這就好像是在收銀台前面請你吃薄荷糖一樣。因為你已輸入信用卡號了，所以一鍵點擊又可以購買更多商品！

第四種方法也在傑伊的清單上：如何提升顧客購買頻率？對某些企業來說，這表示著更頻繁地吸引客戶。例如在客戶購買後每週主動發送電郵，提供不同產品或類似品項，而不是被動等待客戶上門。

第五是關注利潤率。我們販售的產品要怎麼壓低成本？可以運用大量採購嗎？訂購零組件，再由自己組裝如何？

這套方法的效果非常強大。如果我們在各項都能達成百分之十的改善，藉由乘數效應，就能實現超過百分之百的整體回報。

關於營運優化的成果，沒有人比得上亞馬遜。亞馬遜一開始只是賣書而已。它的第一步就是吸引顧客購買更多的書：「嗨！跟你買同一本書的人也買了這本書和那本書喔。」還記得亞馬遜後來開始販售書籍以外的東西，當時我認為這種交易真是蠢斃了！我幹嘛在亞馬遜購買什麼電動刮鬍刀呢？結果呢，一年後我不但從亞馬遜購買電動刮鬍刀，還買了替換刀頭和清潔配備等等。這就是亞馬遜提升購買體驗、也提升整套買賣的經營。它優化各方面的業務，提高客戶滿意度，所以我們眼睜睜看著亞馬遜慢慢占領全世界的網路買賣。我不是在說這樣是好是壞，只是陳述事實。

這就是營運優化的力量。

身為行銷人員，有時我們會聚在一起討論：「你們優化的目的是什麼？能發揮引領效應嗎？」我希望一層一層的漏斗效應後，會有更多人上門。一般來說，要是能改善，轉化率也會跟著受到影響。因此，提升吸引潛在客戶一段時間後，我們就會開始注意轉化率。接著再來，是關注後端銷售。搭配臉書讓這套方法發揮更大作用。

我現在說的不僅僅是商業問題。我們既然可以優化銷售管道，同樣也可以優化生活。以前有位行銷人員問我：「你現在優化生活的哪一部分？」這真是個好問題。也許是收入，它會占用我們一些時間，讓你遠離家人。也許該注意的是你的婚姻或家庭。也許是精神面向。優化，在商業中有效，在個人生活上同樣有效。

建立你的閱聽受眾

在當今科技主導的世界，我們的行銷選擇總是在變化。我認為成功的祕訣就是找到適合你做行銷的閱聽受眾。

有些人能在 YouTube、臉書或 Instagram 建立五十幾萬或七十幾萬位粉絲的媒體社群，這些粉絲絕對可以轉化為收入。但如果各位調查企業的作法，你會發現使用電郵的老方法，幾乎還是大家創造收入的主要行銷管道。

電郵行銷有許多問題，從送達率高低到市場垃圾郵件過多都是問題，但它還是大多數直效行銷人員業務中最賺錢的方法。使用電郵無疑也是我最賺錢的方法。各位要是手上握有電郵清單，大概就永遠不會破產了。事實上，你可以收掉其他業務，只留下一份電郵清單，對方願意打開郵件、閱讀你的電郵，你就擁有販售產品的管道。

大衛・尼莫卡曾經跟我說：「傑夫，你要有種植超過一年才能收成的作物，因為它們才是你未來成功的種子。」投資電郵清單就是投資未來。

撒金粉

我有一位很重要的商業教練羅傑・漢彌爾頓，他談建立電郵清單時，喜歡用撒金粉來形容這項挑戰：我們可以免費或用非常低廉的成本建立電郵清單。這是你想不到、卻不是做不到的事情。

你可以利用電郵發送測驗。有史以來最成功的傳播測試之一是：「你是哪個迪士尼角色？」各位也可以安排做個測驗：「你的睡眠智商有多高？」你可以傳送電郵舉辦自己產業中的比賽和頒獎，例如美國十大健身教練。這個重點在於創辦一些跟自己產品有關的測驗或競賽，這些測驗的問題只有你的產品可以解決。

我的朋友莎莉・霍格斯海德是《魅力》和《你的專屬魅力說明書》等暢銷書作者，她設計一套線上測驗，讓參加測驗的人了解自己真正的個性。這套測驗最精采的是大家都會想試試，因此有許多行銷人員也會轉發給自己電郵名單上的客戶，這些大型電郵清單上都有幾十萬人。

客戶做完測驗後，莎莉就會跟行銷人員分享測驗結果，行銷人員也會藉此更了解如何與客戶交談。在整個過程中，莎莉幾乎是不花任何成本，就能收集到幾十萬人的電郵清單。

我採用這種方法也很成功。當時我們準備發行影片《揭祕基改產品》時，發送電郵請大家聯署支持對基因改造生物進行全面而精確的檢驗。在電郵最底下，我們為聯署請願者提供免費觀看《揭祕基改產品》的機會。這封電郵讓我們獲得七萬人的電郵清單。幾年前，法國政府考慮將維生素和礦物質視為藥物時，一家生產營養保健食品的製造商發出一封電郵，訴求消費者聯署請願：不要讓政府拿走你的維生素C和營養補充劑！那封訴求聯署的電郵在三十天內收集到了一百多萬人的電郵清單。

若要訴求聯署請願者時請注意：成功利用撒金粉的關鍵之一，就是你確實可以收集到電郵清單（而不是落入第三方供應商之手）。有些人舉辦線上請願時，使用的是「change.org」平台。如果使用這個平台，那麼電郵清單不會到你手上，而是由「change.org」平台獲得。我們的聯署請願都是利用「WordPress」網站，再加上一點程式碼，就能自己收集電郵清單。

提供價值

建立清單最直接的方法，就是花錢提供一些有價值的東西，諸如教學影片、電子書，或是任何能帶來閱覽點擊的臉書付費廣告，讓客戶願意提供電郵位址和其他有價值的資訊，換取你提供的優惠。提供的優惠可大可小，像是某種飲食方法的小問題也行，只要消費者願意接受、視為有價值的東西就可以。

我的朋友德魯．曼寧在這方面就做得很棒。德魯是Fit2Fat2Fit健身運動公司的訓練師。他熱愛運動，身體很健康，從來不明白為什麼有人會發胖，以及這些人在運動上會遇到什麼困難。因此，有陣子德魯就停止運動健身，堅持採用美國標準飲食（SAD），四個月後他胖了三十一公斤！然後，他再把發胖的體重慢慢減下來，現在他知道那些過重的客戶經歷了什麼。他把這段經歷寫下來，並在A&E電視網製作一個電視節目。如今他四十歲，又這麼做了一次。他在三十天內胖了十三公斤，他在臉書上公開這段增胖過程，讓許多粉絲看到他的體重逐漸增加。等到他要開始塑身減肥時，大家都有機會加入他的行列。在這個過程中，他建立一個龐大的臉書社群，也收集到許多電郵清單，他可以透過銷售補充劑和其他產品賺錢。

一步又一步，收集十萬人

無論你用什麼方法收集清單，收到電郵位址並非工作的結束，而是才剛要開始。當對方輸入電郵位址時，你們還處於交易階段。一般來說，我們會維持雙方的關係，繼續發送他們有興趣的新內容，目標是建立彼此的雙向關係。

你可以先把目標設定為收集到十萬個電郵位址，這個數目大到足以讓你獲利，也大到讓你有條件和其他電郵清單聯盟合作，行銷全世界。不僅是銷售自己的產品，也能為他人銷售，這就是獲利的方法。

運用清單聯盟促進成長

所謂的清單聯盟，其實是個組織鬆散，由許多個人及公司群體，包括部落客和網路行銷人員共同開發出來的龐大電子郵件清單，組織成員都可以發送電郵。具備十萬個收件者即是跨過神奇門檻的大型清單，被視為具備產生可觀收入的潛力名單。

對我們來說，清單聯盟就是我們建立自己名單及產生利潤的重要關鍵。我們會運用聯盟清單發送免費觀賞新系列紀錄片的優惠引導。收件者一旦加入會員，即可免費觀看影片，就會在我們的系統中輸入電郵位址，加入我們的電郵清單。我們則是透過點擊和轉換支付佣金，也就是收件者轉換為消費者時，我們會根據產品出售提撥佣金支付給聯盟行銷人員。

加入清單聯盟的挑戰在於，它們都是一個個的封閉群體。聯盟本身就有許多成員可供選擇，要是大家不認識你，那就很難找到規模較大的聯盟為你發送電子郵件。所以最重要的，就是投入一些時間和清單聯盟建立並培養關係。我們未必只挑朋友做生意，但彼此都不甚熟悉的狀況下，總是傾向跟認識的人做交易。

我用很多方法來建立、培養這些關係，參與麥斯特直效行銷活動就是第一步。我不會一開始就要求那些人幫我發送電郵，總要自己先付出，才會獲得。我先提議可以為他們郵寄。隨著時間進展，清單聯盟的一些人開始認識你了，機會大門也隨之向你敞開。

我也會透過接收清單聯盟的電郵來認識他們。四處加入會員是了解郵件發送者的最好方法。我每天會收到一千封電郵，可以快速瀏覽那些人都在發送什麼內容。

清單聯盟在整理清單後，會有二個目標。第一是向接收者出售他們不生產、而在行銷的東西來獲利。第二是謹慎小心地保護清單，不要發送一些不實用的優惠，或發送頻率過高而激怒接收者，導致清單成員拒收或電郵位址流失。清單聯盟的目標一向是努力維持成長。

我學會在制定優惠電郵後，要先透過付費流量進行測試，而不是運用清單聯盟。例如：透過 Google 廣告、臉書廣告或其他付費廣告做測試，檢驗我提供的優惠報價，直到找到獲利最高的方案。這時候才去找清單聯盟發送郵件，因為此時我已經知道要發送什麼內容給接收者。各位就算你成功讓一群清單聯盟成員為你發送電郵，萬一優惠引導郵件失敗，他們就再也不會為你發送電郵。因為他們就是靠發送電郵賺錢的，所以測試風險必須由你自己承擔，不要把風險推到他們身上。

大型的清單聯盟每天可以透過電郵賺取五千至二萬五千美元不等。這對他們來說就是一門生意，我也是把它看做是生意。有些朋友天真地要求我透過電郵清單為他們的商品發送廣告郵件。從他們的角度來看這是個簡單的請求，「傑夫跟我是朋友，他沒有理由拒絕我吧。」他們想不到的是，我幫他們發送電郵，其實是放棄每天原本五千到二萬五千美元的獲利。所以他們實際上只是看交情，就要求我給他們幾千美元。而這就是清單聯盟市場的嚴峻現實。

各位一旦開始為其他人發送電郵，就會發現，行銷人員有時會為郵件帶來最多潛在客戶的聯盟提供獎勵。去年行銷大師東尼·羅賓斯和迪恩·葛拉喬西舉辦一場免費網路研討會，並在研討會上促銷一套行銷計畫。而為網路研討會帶來最多流量的五家清單聯盟，可以搭乘東尼的私人飛機，一起去東尼在斐濟的私人島嶼參加麥斯特直效行銷活動。

就算我贏得大型促銷獎品的機會為零，我也會參與發送郵件的活動。甚至是競爭對手的清單聯盟，我也會報名參加它們的促銷活動。當發起人為競賽活動發送更新實況，上頭會列出前二十五名或前五十名清單聯盟的參與者。從那份名單我就知道誰在為競爭對手發送電郵，以及這個領域的主要清單聯盟是哪些組織。我們一直在尋找能夠幫我們發送電郵的組織，努力讓他們盡可能輕鬆獲利，編寫一些他們可以剪貼利用的促銷文案，提供一些優秀的追踪軟體，讓他們隨時了解最新實況。我們也會舉辦自己的流量競賽。

投放像素

我做行銷的第一個目標，始終是取得對方的電郵位址，第二個目標是在他們瀏覽器投放像素（dropping pixel）。我們有句話說：「像素也是人。」

所謂的像素，是指安裝 cookies，一旦客戶到你網站觀看影片或網頁內容，你就能在他瀏覽器中設置一個像素。各位連進臉書，它們就會設置 cookies；Google 頁也有。這些 cookies 會讓你回到特定網站後，看到一些它們挑選的廣告。這就是為什麼我們在其他網站查看某些產品後，過一陣你瀏覽臉書動態網頁，就會看到相關廣告的原因。有時瀏覽一些新網站，網頁最底部會看到免責聲明：「本網站使用 cookies」並要求你點擊確認理解，才能繼續觀看網頁內容。

我會在特定影片設置像素，比方說在葡萄酒系列影片設置機關，請大家來免費觀賞影片。然後我就能得到二十萬人或三十萬人的喜好，知道他們對葡萄酒感興趣並了解我的一些影片。那麼日後需要做廣告時，我不必無差別投放百萬人的郵件，而是針對規模小得多、但接受度比較大的閱聽受眾。

這是各位都不應該錯過的好機會。有位也是電影製片的朋友打電話來，問我有什麼好方法促銷一部他製作的精采電影。他說他在YouTube發布的片段獲得一百一十萬次的瀏覽點擊，感到非常興奮。

「你在觀眾身上放置像素了嗎？」我問。

他的回答並非我期待的。「我不知道那是什麼？」他說。

要是你對外投放某些東西，且確實散播開來，若沒有準備好捕捉一些相關訊息，那麼就算有一百一十萬人前來觀看，對你來說一點意義也沒有。因為你接觸不到那些人，就沒有辦法利用這項優勢。

真相、脆弱與關係

蓋瑞・哈伯特是有史以來最偉大的文案撰稿人之一，我幾年前曾經跟他合作過幾項專案。當我們反覆討論一些想法時，蓋瑞跟我說過的一些話一直在我心頭縈繞：世界上最有價值的商品就是真實。那些來自政府、政客和廣告商的謊言，已經讓大家厭倦不已。蓋瑞說，這個世界充滿了謊言，所以最有價值的商品就是真實。如果你真的想在行銷方面取得成功，那就是專注於真實。讓大家可以感受到真實，就能引發共鳴。

雖然這是一種策略，但這種公開而真實的商品已經融入我心，成為一種生活方式。我跟客戶相處的方式，就跟我和朋友相處的方式一樣。這對我來說非常重要，所以這不是一種策略或方法，而是關鍵價值。

真實在行銷很重要，在生活中也一樣重要：我們總是在分辨是非黑白，不管這麼做是好是壞。我們總是在問自己，這是一段有價值的關係嗎？

但這不一定是我們所擅長的。我曾搭乘達美航空的洛克希德 L-1011 型飛機，從鹽湖城飛往達拉斯。頭等艙有六個座位，分成三排，每排二個。這時頭等艙已近客滿，我坐在最後一排，注意到一個穿著西裝的胖子沿走道朝我這邊慢慢走來。我心想：「繼續走過去吧！」但果然，他就坐在我旁邊。

我那時不想和任何人說話，所以飛行時大都散發著一股沉默的氛圍，而他對此似乎也沒什麼不滿。上機後二個多小時我們沒說過一句話。在距離達拉斯還有三十分鐘路程時，他向空服員要了第二杯健怡可樂。空服員拿可樂過來時，不小心絆了一跤，把飲料灑在他的西裝上。對此意外他顯得寬容大度，反而是空服員覺得非常羞愧。她趕緊拿來毛巾，擦乾他的西裝，又帶來了一瓶公司提供的葡萄酒，並說航空公司會承擔外套乾洗費用。他說了聲「謝謝！」但他平常不喝酒，然後他們開始交談了幾句。

當我聽到空服員叫他「漢特先生」，說她從機場開車回家時，會經過他在西湖邊的牧場，我的耳朵馬上豎了起來。那時候我才知自己在班克．漢特身邊坐了二個小時。他和他兄弟都是全球首富之一。我那時候只是個二十多歲的股票營業員，沒理由不跟別人打交道。但我在世界首富旁邊坐了二個小時，卻全程忙著對他發射「別跟我說話」的電波。

所以，我當時就立下一個決定，絕對不要無緣無故評判他人。

這個故事也點出一個教訓：其實我們總是在做評判，身為行銷人更需要意識到這一點。成功的關鍵之一就是能不能吸引人，而要吸引人最好的方式，就是讓自己有吸引力。在這方面最厲害的，就是那些把妹達人啦。不過我不是在說把妹約會好或不好，只是說他們很會發揮吸引力，掌握了表現自己超高價值的技藝。

不過這也是一個悖論：引起對方注意，讓他認為你或你的公司有價值，我現在認為光靠這樣的吸引力，還是無法讓你們建立深層關係。那要怎麼做才能建立深刻關係呢？展現誠實、脆弱與真實。

迪恩．葛拉喬西是企業家、投資人兼暢銷書作家，他說傳達真實最簡單的方法，就是讓別人知道你感到尷尬的事情。如果你願意公開示弱，願意分享你的悲傷、你的弱點、你的脆弱，別人才會相信你的真誠。

這種展示也是雙向的。當我們討論行銷時，我的搭檔派崔克總會問：「讓他們沉默不語的恐懼是什麼？」這意思是說，我們能否接觸到對方內心深處擔心什麼？那些他們不願意跟朋友談論的事情是什麼？

要是我們可以說出對方沉默不語的恐懼，他們就能感受到你的理解，因為他們知道你從外表就看透他們內心真正的擔憂、恐懼與想法。有史以來最成功的行銷標題之一只有四個字：立即增高。這是賣增高鞋的廣告，這句話可以觸動我們內心深處的負面情緒：「我還不夠高。」

實話實說，由此出發，根據事實來說話，就是強大的力量。

述說與傾聽

要注意，完成銷售後，我們的行銷還沒結束。各位可以把它當做是銷售之後的一場對話。當對方購買你的商品後，他們會在腦海中開始跟自己對話，例如：「哇！這趟買賣做得真聰明！」或者「好吧，希望自己沒有做出錯誤決定。」一直到「東西要多久才會送到呢？」各式各樣的想法都有。要讓行銷更完善，你也要站在客戶的角度來思考：「他們現在害怕什麼呢？他們希望什麼？他們會想到什麼？」這時我們可以提供有用的安撫訊息：「恭喜你剛剛做了很棒的決定；我們知道你會多麼高興，明天就會發貨。」像這幾句話就是一種行銷，也會帶來後續的銷售。

隨著時間累積和交換正確的訊息，彼此建立對話關係，企業就是靠這種關係來賺錢。人際關係不會退款，只有買賣交易才能退款。各位可以想像一下，你家附近常去的餐館，那裡的老闆知道你的名字，總是讓你感到賓至如歸，也會特別關照你帶來的客人。有這樣的關係，就算你碰巧在那裡吃了一頓糟糕的飯，你也不會因此就再也不去那裡吃飯了。因此，各位在設定買賣報價時，必須牢記在心的是，怎麼為客戶提供超出他所期待的價值，藉此來建立彼此的關係。

口碑行銷

我們做的行銷，並不是獲得客戶的唯一方法，甚至也可能不是最好的方法。二十五年前，有位行銷研究員喬治・西佛曼進行過一項調查，探索我們購買時的決策過程。他發現大家在購買過程中，會做出三十到五十個瑣碎的決定：「這個東西技術性會太高嗎？我可以組裝得起來嗎？這東西可以提供改善嗎？」等等。

且他發現大家在購買前，都有一個共同的因素：朋友的推薦。你認識的人推薦，比專業開箱文有效一百倍。各位可以回想，自己為什麼會去看某部電影，是你讀過很多影評人的文章呢，還是因為你朋友滔滔不絕對你說到那部片子？對於朋友的推薦，你會更加重視。

行銷最重要的是帶來品質優良的口碑。但是，沒有一家公司會安排一個副總裁專門負責製造好口碑的。好口碑效應只能等待和期待。當我們看到產品出現好口碑時，我們可以給消費者鼓勵，但不會把好口碑當做是行銷投資的優先業務。

這是一項重要的優勢，我們可請客戶推薦我們的產品，並提供獎勵作為回饋。我們不是在媒體上激發大家對你產品的熱議，而是透過自己的客戶推薦，衷心感謝他們，提供比他們預期更多的價值，提供獎勵，感謝他們的推薦。

我現在會尋找各種機會來促進好口碑。這才是真正且一直為你工作的無形銷售團隊。

行銷與銷售

行銷和銷售，這二者的領域和用語有所重疊，但我認為它們是不一樣的。行銷像是述說一則故事，而銷售則是提出要求。行銷工作是要讓銷售變得更容易。電視廣告讓你想起附近某家床墊販賣場，這是行銷；而叫你馬上購買的電視廣告才是銷售。

還記得我跟各位說過，行銷業務不能外包嗎？現在也是時候讓大家知道另一個不幸的事實：身為創業家，銷售也是你必須掌握的技能。

第八章
銷售技巧

銷售的關鍵在於排除阻力。

（來自傑夫的筆記本）

我十八歲時挨家挨戶推銷百科全書，後來的紀錄片製片人職業生涯也是從此開始。我那時候很天真，根本不覺得那份工作很爛。不過它的確教會我許多事情。

當時的銷售技巧是採取一種嚴厲的挑戰心理，但絕口不提要賣百科全書。我們沿街拜訪客戶，有些人會讓我們進入家門，看看他們是否有資格讓我們在他們家安置一個完整的學習中心。

「在說明這件事之前，」我會說，「我要先問一些關於教育的問題。你關心孩子的教育嗎？你覺得教育重要嗎？」像這樣的對話會持續進行。

「嗯，」我會說，「我問你這些問題的原因，是我們正在尋找一些能在家裡設置完整學習中心的家庭，而所有花費跟訂閱報紙差不多。我判斷家庭是否合格的方式，是依據他們對我展示的內容的反應。你想看看我們的學習中心嗎？你想知道自己是否符合資格嗎？」

他們回答「好」之後，我會停下來仔細看看他們，好像我正在下定決心。「聽著，」我接著說：「我把公事包拿進來，讓你看看學習中心是什麼樣子。」

這個過程叫做資格遊說。直到對方真正購買之前，我們會一直進行資格遊說。最重要的是，我絕對不會直接向他們推銷百科全書，我的身分只是公司派來觀察他們是否有資格設置學習中心的業務代表。這種心理挑戰技巧是強大有效的工具，但你一定要把持住自己的道德尺度，因為好工具能用來做好事，也能用來幹壞事。

我們再回來談一下把妹達人的話題。他們會故意招惹對方的注意力，在一群女孩中找出領導者，通常就是她們裡頭最漂亮、最有魅力的那位，故意在她面前說一些負面的話語。像是「哇嗚，她總是這麼呱噪嗎？」這樣會在整個團體中激起一些新反應，不過等一下，這時大家還不相信他。

當然，我挨家挨戶敲門是為了賣百科全書，而不是去泡妞。我會讓瓊斯先生和太太坐在沙發上，攤開宣傳海報，請他們各自拿著一角。「瓊斯先生，你喜歡這樣子嗎？」

我會在說明海報的內容後說：「瓊斯太太，你能看出這裡頭的重要性嗎？」在整個促銷過程中，我會一再讓他們做出肯定回應：是的、好的、對的。

在結束這些問答之前，我會說明他們將獲得什麼好處，解釋六九九美元的價格如果以十年來分攤，每天只花二毛五（週日為五毛）。然後我接著說：「我不覺得這個價格很公道，而是太便宜了！瓊斯先生，你覺得呢？瓊斯太太？」

如果這時候他們還不上鉤，我還有一張牌可以打：「我跟你們說我要幹什麼，瓊斯先生和瓊斯太太。我現在就收拾公事包，如果你們在我出門之前阻止我，我很樂意推薦你們購買。如果不方便的話，我也很高興認識你們。」然後我開始收拾資料，在走出門口之前不再多說什麼。

能做成買賣當然是最好，但碰上那些無法做出決定的客人也很有意思。這時候不要跟他們爭論，也不要嘗試說服他們。你只要揮去鞋上灰塵，然後繼續走向隔壁就好。因為最重要的就是保持推銷者的態度：我自己要先把持得定。

注意哪些發生變化，哪些沒變

只要人類存在，銷售就一直存在。我記得以前讀過艾默・惠勒一本關於銷售的舊書，他在一九〇〇年代初就訓練銷售員，要銷售員去敲客戶家的後門而不是前門，讓家裡的女主人透過紗門打量銷貨員。

「這位太太，」銷售員會說，「我想……」這時候她應該會擦擦額頭的汗水。如果她沒這麼做，那就換他擦擦額頭的汗水，然後說：「如果我能讓妳的廚房降溫攝氏九度，妳覺得怎麼樣？」

因為她這時正在廚房烤麵包，而敲門的正是麵包銷售員：「烤麵包就交給我們，妳家就不會這麼熱啦！」

過去很多東西都是挨家挨戶做推銷，像是：垃圾處理機、吸塵器，還有學習中心。現在沒那麼多人上門做推銷了。整套銷售作業變得越來越複雜，但人還是人，這一點永遠不會改變。我們都有一些相同的基本願望，希望受到肯定和認可；我們也會有相同的基本恐懼和不安全感，擔心自己會碰到一些事。而這些希望和恐懼，正是人性上的按鈕，一按下去就會讓大家想要購買我們的產品。

五大要素

指導我挨家挨戶推銷技巧的訓練師說，銷售工作有五大要素。第一、熱情；第二、走路要快；第三、握手有力；第四、強烈的眼神接觸；第五、微笑。他說這五大要素其實只有一個關鍵：就是要有熱情。只要你保有熱情，就不必牢記其他四個。因為你擁有熱情，走路自然就快，握手堅定有力，眼神接觸傳神。

這些對於工作生活的技巧傳授，也讓我認識了心理學。比方說，丈夫也許是一家之主，像是我們身體的頭部，但太太是脖子，頭要有脖子才能上下左右轉動。更重要的是，推銷百科全書讓我學會接受拒絕。有沒有做成生意都不重要，重要的是再敲開下一戶的門。它也教會我忍耐，我們曾經連續工作六個月，一天都沒有休息。我十九歲的時候，就已經踏進過千門萬戶，見過成千上萬的人，向大家推銷我想賣給他們的東西。我從中賺到的錢已經能夠買上一輛凱迪拉克。

不過，我也常常做惡夢，夢見自己破產，又回去挨家挨戶做推銷。這是我再也不想做的工作，但也是我一生難忘的經驗。

大衛的智慧
每一位童子軍都是老鷹級童子軍

大衛是摩門教教徒，耶穌基督後期聖徒教會的活躍份子，而摩門教一直到現在都是美國童子軍組織的最大支持者。後期聖徒教會一向將童子軍納入培訓計畫中，有一年大衛就被指派擔任童子軍隊長。

大衛不愧是大衛，他馬上想出一些前所未有的非凡點子：他希望那年有資格成為老鷹級童子軍的三十三個男孩，每一個都能實現目標，達成率百分之一百。而他也確實做到了。

他把這項目標當作一座風車，而他就像唐吉訶德那樣發動攻擊。他百分之百投入工作，親力親為，為了那些孩子全力以赴。他自己開車去孩子家接他們去開會，努力確保孩子都能獲得功績獎章，鼓勵大家實現他為他們設定的目標，而他們也都做到了。

這其實就是一筆做得最好的銷售買賣。

相信價值

膽小、臉皮薄讓很多人不敢做銷售的工作。要克服這一點，首先就是要理解銷售的價值，相信你的產品有其價值。如果你提供的是珍貴、有價值的產品，在市場上有它的獨特地位，大家購買後讓生活變得更好，那麼你不盡最大努力說服他們相信你的產品、相信這是最好的選擇，其實就是在傷害他們。如果你不這麼認為，那麼你應該去賣別的東西。如果你做銷售工作，卻不要求對方買單，那你只是在幫競爭對手打白工。我們對自己和公司，都必須找到勇氣，不但敢出門做銷售，也敢要求對方下訂單並為自己賺錢。

如果不能讓對方感到讚賞，就無法傳達產品的價值。我二十幾歲時開了一家公司，挨家挨戶推銷軟水器，銷售員要帶著小型軟水器的測試包上門推銷。銷售員要在烤箱上找到髒污，或者帶著頑垢的平底鍋，展示使用軟水清洗是多麼容易。他們也會展示洗髮精與軟水的搭配效果。等他們展示之後，客戶心目中對於軟水處理系統的價值感，就會遠遠高出它的成本。「如果我們要賣出一台二千美元的軟水器，」銷售訓練師總是說，「就要展示出一萬美元的價值。」客戶一旦看到優質、乾淨的軟化水多麼有價值，那個價格就會變得十分優惠。

我第一次當股票營業員時，是在達拉斯一家小券商工作。他們那時候正在承辦一家公司的新股首次上市，那家公司主要的產品是可折疊放進後車箱的拖車，名字就叫「後車箱拖車」。這個點子其實滿蠢的，但券商已經接下公開上市的業務。我們都知道自己的工作就是要推銷「後車箱拖車」的股票，但過程真的很艱難，大家都像是在用頭撞牆一樣。客戶不相信這是個好產品，更糟的是我也不信！

所以我不再銷售「後車箱拖車」的股票，轉而向客戶推薦ＩＢＭ和微軟公司等這些我可以信賴的大公司股票。你如果不相信自己推銷的東西，銷售效率當然就會很糟。如果你在這個地方賣不動自己相信的產品，就要換個地方試試。這就是關鍵。

採取行動

銷售的關鍵就是進入客戶腦海中的對話。新冠病毒大流行期間的行銷活動最能反映這一點。在疫情最嚴重的時候，我會收到一些公司寄來的電子郵件，宣傳他們今年最大的促銷活動：名牌牛仔褲八折。但那時候大家腦子裡想的是搶購衛生紙，你跟他們說牛仔褲打八折也沒用。

用一九〇〇年代銷售大師艾瑪．惠勒的話來說，就是要跟著客戶「一起走」。

想像當你走在紐約或拉斯維加斯街頭，各角落都有人發送傳單給你。他們通常會擋住你的去路，讓你覺得自己像個帶球後衛，必須突破對方球員的防守。我會像躲開瘟疫那樣躲避他們。但有些人不是從正面阻擋，而是跟在我旁邊，一起向前走。當有人跟著你一起走時，你就很難擺脫他們。

所以各位在推銷時，不是要站在前面阻擋去路，而是轉身走到他們身邊，跟他們對話。此時不要嘗試新話題，而是談論他們腦中的對話：了解他們的恐懼、他們的慾望，和他們的祕密衝動。

在他們購買後，還是要繼續跟他們一起走，讓他們知道自己做了一件明智的決定。讓他們看看你們獲得商業改進局的徽章，讓他們知道好多人跟他們一樣買了相同的東西。如果是這樣做銷售，生意必定會不斷上門。

感覺、感受與發現

感覺、感受與發現，是最古老的銷售公式之一。這是一種回應拒絕的方法，最初是一九二〇年代保險經紀人的銷售概念。我每次看到或聽到這方法都會發笑，而且在一些很棒的行銷過程也常常看到和聽到這種狀況。這套方法也有不同的表達方式，最終就是要表現出跟對方站在一起：「我知道你的感受，我跟你有同樣的感覺。不過當我知道X的時候，我就發現了Y。」這時候要做的不是改變對方的想法，而是跟他一起走，建立和諧與融洽，再引導他繼續向前：「我知道你對這個小東西的感受，我也有同感。但當我得到這個小東西之後，就發現原來是這樣。」

排除阻力

朋友給你一個擁抱，你也會擁抱他們，這種人際接觸的感覺真好！但如果朋友緊抱不放，你遲早會感覺不舒服，就會開始抗拒：「喂，大哥，放手啊！」要是他繼續抱住你，你必定更加強力抵抗，直到你把對方推開。

當你的小孩進入青春期時，你知道要如何避免引起他們反抗。這是學習如何排除和避免抵抗最完美的時機。有句話說的是：「要引導馬朝著牠的方向前進。」如果你不要孩子做某件事，直接叫他們不要做，那就大錯特錯了。

我記得我兒子十八歲的時候，我們都希望他做出一項人生決定。雖然他一直說：「我不想朝著那個方向發展。我不要。」我知道自己不能強迫他朝著我認為最好的方向走。

我太太總想跳出來和他爭辯。

但我會說：「妳就讓他自然發展吧！不要把那些話說出來。」

大概過了六個月後，兒子回家坐下來就說：「你們知道嗎？我已經改變主意，我想要那麼做了。」

我太太高興得差點從椅子上跳起來，但我搖搖頭叫她別動。因為這只是個誘餌。他是在等我們說：「哇，我們很高興你終於想通了！」那麼他就會開始反抗。所以，我還是強迫自己保持中立：「嗯，這些都是重大決定，也是你自己的生活。你只需要知道，我們都希望你能選到最好的，不管你決定做什麼，我們都會支持你。」在不引起抗拒心理的情況下，他才能做出正確的決定。

不過這跟銷售有什麼關係呢？想想有多少次你在和對方談話時突然發現：「等一下，原來他們想賣東西給我。」一旦出現這種想法，你就會開始抵抗。

我們在做銷售的時候，就跟做行銷一樣，一定要避免激發客戶的抵抗，記住，我們要提供的是他們最大的利益。千萬不要變成那個擁抱太用力又太久的朋友。

產生良好的人際互動，就是我們接下來要討論的主題。

第九章 人性因素

領導不是抓員工的過錯，而是鼓勵他們做正確的事。

（來自傑夫的筆記本）

任何企業最大的限制不是技術、不是資本，也不是監管法規或其他限制，而是人才。只要找到更多、更好、更合適的人才，就能創造出蓬勃發展的文化，這樣的企業都有可能擴大成長為二倍、五倍，甚至十倍。但創業家都有一些獨特的個性，這些個性可能會造成他們很難跟別人共事。能否克服這一點就是生存的關鍵，是企業成長的關鍵，也是你的團隊會不會一次又一次內爆的關鍵。

這一部分如果能做對，其他事情就算都做錯了也沒關係。我甚至還敢說，就算你入錯行、做錯事業，但只要找到合適的人才，最後你還是會發現合適又正確的事業。現在，就讓我跟大家談談我從人才身上學到的一些成功經驗。

正確的團隊和正確的時間

我創業找來的第一位員工，是一位既年輕又很有才華的平面設計師。我們一起工作到深夜，他把我腦子裡的一些想法做成視覺宣傳材料，讓投資人和其他員工一目了然。這年輕人很聰明，我很喜歡跟他一起工作。

我的公司開始發展壯大後，他也是其中重要的成員。我每次開會都會帶著他，他提供的回饋都非常好。對一個年輕人來說，他實在很有慧根。

但隨著時間的累積，公司募集了幾百萬美元，整個制度也開始成熟，所以我們正式成立董事會，也有專責的管理階層。如此一來，整個公司的生態已經改變了，再讓一個平面設計師參加所有的管理會議，就顯得不太合適。

我看得出他心灰意冷，從過去的完全參與，到逐漸被拒於門外。最後他因失望而辭職。我完全不怪他。但各位必須了解，這就是企業發展的自然過程。

當我們規畫軍事行動時，第一支派遣上陣的部隊通常就是特遣隊。那些人的外表或行為往往不太像一般士兵，有些人留著鬍子，有些留著長髮，完全不是標準軍人的模樣。但他們無所畏懼地隨機應變，一個人可以抵二、三個，甚至十個正規士兵的工作。他們搶先行動，就是要儘早達成關鍵目標。

在特遣隊之後，我們才會派出進攻部隊。進攻部隊的人數較多，紀律嚴明，受到嚴格的監督管理，這些部隊跟特遣隊通常處得不太好。

再來才是占領軍和行政部門。這些人會在各地駐軍紮營，恢復戰後秩序，而這些駐紮軍隊又跟前二支隊伍很不一樣。

我不喜歡以打仗做比喻，不過這可以說明商場上的現實狀況：我們為了讓公司成長，就必須知道在什麼時間、要派哪種團隊上場。隨著事業的日趨成熟，有許多新創時期招募來的員工可能無法順利轉進到下一個階段。一家成熟的企業，未必每個員工都是耀眼明星。我以前曾在微軟做過一項專案，他們公司裡頭平庸員工數量之多，讓我感到非常驚訝。

創業需要的團隊，跟後來發展業務需要的團隊不一樣。為了擴大公司規模，我們需要的反而是一些表現平平的員工，我這麼說似乎跟建立超級明星團隊才能爭取成功的普遍想法相違背。事實上，我們跟那些超級巨星無法一起成長。因為超級巨星的數量本來就很有限，而且世界不是只跟著超級巨星轉。大家都知道，海豹突擊隊是菁英中的菁英，但我們沒辦法組成一支全部都是超級菁英的部隊。我們當然都想雇用最優秀的人才，但大家還是有必要早點意識到，我們要如何跟平常人一起追求成功比較實在，因為現實就是這樣。我自己也一次又一次發現，員工的狀況是符合帕累托法則的：前百分之二十的員工負責百分之八十的產能，而百分之八十的麻煩都是最後百分之二十的員工搞出來的。

之前說過，二十幾歲我就開公司做事業：在德州經營五家經銷商販售軟水器。當時有位農場女孩潘．韓姆也加入團隊，擔任銷售員。幾週後，這位小潘一個人就超過我整個銷售團隊十二到十五人的銷售量，實在非常驚人。我們那時候星期六也要工作，有一次星期六小潘進辦公室填寫好幾份訂單，說她那天晚上還有幾個地方要去拜訪。

「小潘，」我說，「妳整個星期都在辛苦工作，週六晚上為什麼不休息一下呢？」她搖頭表示拒絕。「傑夫，我週六晚上要是不工作，會覺得自己太偷懶！」她說。大家都知道她有多厲害。我們那時候的辦公室有一個指定停車位，原本是我停車的地方。後來我就意識到應該停到後頭去，把那個位置讓給「超級營業員」，所以我跟團隊說，誰的銷售額最高，誰就可以把車停在那裡。結果大家的反應非常安靜，只聽到有人低聲嘀咕說：「她愛停哪兒就停哪兒，我才不在乎！」

我當然希望自己的團隊中有十五個小潘！但我沒有，我只有一個小潘。然而，我要是沒有這十二到十五人的團隊，公司也開不起來。所以，大多數人其實都是表現平平的，就是一般水準，因此，我們要面對的挑戰是如何充分利用這些一般人才。

關鍵不是他們而是你

各位或許熟悉九型人格測驗和其九種人格類型。創業家通常是第八種「挑戰者」，這種人的缺點之一就是常常責怪他人。他們會在公司裡走來走去，到處問：「這是誰幹的？誰做出這個決定的？」當時的我就是這個樣子。但這樣往往會對團隊帶來破壞，會讓他們不敢朝任何方向前進，因為多做多錯，害怕別人批評。

做軟水器生意時，我們在每個大城市都設置電話中心，每天打電話為銷售員找客戶。我每天下午四點都要跟其他城市的銷售經理、銷售員及電話員開會，進行訓練、教學並給予鼓勵，然後五點一到，電話員就開始打電話。我每天晚上都在現場指揮調度，如果電話員遇到困難，就把客戶的電話轉給我。

我那時候負責管理德州偉科的辦公室，底下有十五到二十個人，但他們的工作效率很差。我很火大，覺得整個團隊連個像樣的都沒有。

當時我早期的一位導師羅威爾．福樂塔，他那時候管理一家生產軟水器工廠，供我們銷售。他是從銷售基層爬上去的，很會帶領員工、激勵銷售，渾身滿是熱情，積極帶勁。

我那時候打電話跟他抱怨：「羅威爾，我們的銷售額下降了，我很生氣。我那個團隊真的很爛！」

「傑夫，」羅威爾說，「你如果想要的話，可以開除所有人，然後重新開始。把你那個很爛的團隊給我，然後你去招募新人、培訓所有新員工，但我敢跟你打賭，我們鳳凰城辦公室的銷售額還是會比你的偉科好。」

「這不是團隊太差，」他接著說，「團隊的表現，就是老闆的表現。」

我聽他這麼一說馬上就明白，羅威爾要是接管我那個失敗的團隊，也能讓他們脫胎換骨。他會訓練他們、激勵他們。所以問題不在於他們，而是我。

我沒跟他打賭，但我知道自己必須真正扛起責任，而不是一味地指責員工。問題不是「我該先開除誰？」而是「我要怎麼做才能帶領團隊邁向成功？」所以我加倍投入訓練，用各種大大小小的方法激勵員工。

我們在電話室的電話員桌上設置按鈴，每次他們為銷售員約到上門拜訪的機會，就可以按鈴通知。電話室大概有十五位電話人員，我的目的是讓他們在打電話時，聽到總是有人在按鈴。

我們的銷售員在四點參加每日常會時，會讓他們在表格上填寫每筆銷售的一些問題。這家客戶資料是如何取得？房子是什麼樣子？對方問了哪些問題，你又如何回答？當你要求對方訂貨時情況如何？你使用什麼特別的方法來完成銷售？

他們會在會議上講一些銷售的事情。總會有些新來的人舉手說：「我昨晚試過什麼什麼方法，但沒用。」這時候我不得不讓他們閉嘴。我會跟他們說，我們不是靠失敗的經驗來訓練，而是採用成功的方法。我們會把一些成功方法傳真到各地辦公室，讓每個人在這些成功的基礎上繼續努力。

我們在每個辦公室的牆上都掛了一塊磁性白板，白板邊邊從上到下寫著每個銷售員的名字，最上頭則是一週的日期。銷售員每次出去售貨展示都可以獲得一顆紅星，達成一筆銷售就加個美元符號。一走進辦公室就可以看到團隊每個人的成功和失敗。大家都能看到誰出去展示幾次，誰沒有出去，以及得到什麼結果。我們各地辦公室也辦比賽：哪個團隊在當天晚上簽下最多訂單，就可以獲得披薩，由其他輸家出錢。我們也做月統計和週統計的比賽，大家都能在板子上追蹤進度。有時在開會時，團隊間也會互嗆，例如甲團隊打開免持電話，跟乙團隊說要讓他們輸得很難看！

每隔幾個月，我們辦公室就會買進幾百個氣球，在氣球中插入一張寫有數字的紙條：一美元、二美元、五美元、十美元、二十五美元或一百美元，再把氣球充氣紮起來。（當然一美元、二美元和五美元的紙條比那些大獎要多得多！）我們在天花板掛了一張大網，裡面塞滿這些氣球。當有人達成目標或想出什麼好點子，我們就會送他一個氣球；如果是個非常重要的好點子或整個月的業績非常好，就會得到三顆氣球。所以他們時不時就有機會贏得一美元、二十五美元，甚至是一百美元。我們當場發現金鼓勵大家。

我們也開始進行集體招聘，在報紙上刊登廣告，找來一百人參加集體面試。在我做完簡報後，就讓銷售人員站起來說說自己的經驗，談論跟我們合作對他們有什麼意義。我原先的目標是讓銷售員幫助我們招募員工，但後來發現，這麼做還有另一個更大的好處：銷售員會發現原來自己多麼喜愛這份工作。

事實上，這是份非常困難的工作。這段經歷告訴我，工作如果越是辛苦，身為老闆的人就越需要提供情緒上的支持。當我知道這點並學會為此負起責任後，我們的銷售額再度突飛猛進。這麼做對我所產生的激勵作用，比投入訓練時間、報紙廣告和氣球獎勵的付出還要多。

我常說，負起責任才能帶來力量。現在我看到了更直接的關聯，因為負責本身就是力量。公司中最有力量的人通常是企業執行長，他們最有力量，因為他們承擔的責任最大。指責他人就是最簡單的卸責，我們如果逃避責任就會失去力量。不管在什麼時候，我們要獲得掌控局勢的力量，就是要承擔責任。責備他人不會帶來任何成果。

走進銷售現場

我在一九九〇年代時，曾在鹽湖城開了一家凱普史東電影公司，製作適合家庭觀賞的電影。我們那時候大概雇用三百名電話推銷員，打電話給我們購買的名單促銷影片。我們使用自動撥號的電腦程式，它會判斷前一通電話即將掛斷，提前撥打下一個號碼。所以電話推銷員不必掛斷電話，只要等個十到十五秒就會接通另一通電話。他們不必自己撥號，也不必中途停頓。

這份工作的壓力很大，所以人員流動率很高。我們每週都會在報紙上刊登徵才廣告，並設立一個龐大的人力資源部來招募和培訓新人。我曾經開玩笑說，我雖然不是鹽湖城最大的雇主，但至少是最大的前雇主。

這種做法雖然勉強可以維持下去，但快速招募和快速銷售本來就不容易，我們如果不做出改變，就有倒閉的危險。所以我請來一位管理顧問，研究如何提高銷售效率。他做了我從未做過的事情：在行銷樓層的一個小隔間整整坐了二天，透過電腦一一監聽電話銷售員說話。第三天，他歸納出一些結論也推薦我一些方法。

我那時候覺得很丟臉，這家公司我開了一、二年，卻從沒仔細聆聽銷售人員和客戶的對話。我會閱讀一些相關報告、和管理層討論銷售員的作業方式，但我從沒真正坐下來聽聽他們怎麼工作。我的辦公室在三樓，而電話銷售是在一樓。那些能讓我提升業務效率的所有資訊，都在那個銷售樓層，那些可供我使用的重要資訊，其實就在二層樓底下。

然後顧問給出的建議也出乎我意料之外。我們原先的作法是，當客戶購買影片時，我們才請對方推薦他認為也會有興趣的朋友：「請問我們還可以打電話給誰呢？他們可能也有興趣了解一些適合家庭觀看的電影？」他發現這些由客戶提供的推薦名單，比我們購買的電話清單帶來更多銷售，而且是高出五到七倍之多。因此，他建議我們不要只向成交的客戶要求推薦名單，那些沒做成生意的客人，也可以詢問他們：「您的決定我們了解了，請問您覺得我們還可以打電話給誰呢？有沒有你認為可能會有興趣的朋友？」

結果呢，很多不想買影片的客人為了擺脫糾纏，就會給我們幾個名字和電話號碼，因此我們收集到大量的推薦名單。結果銷售成效非常好！為了支應電話銷售的成本，每位銷售員平均每二小時必須賣出三部影片才行。透過這些客人推薦的電話，他們可以賣出七到十部影片。

這位顧問除了給我們非常好的建議外，也同時提出一個警告：做出這項改變的缺點，是人員流動率會更高。因為打電話給陌生人本身就是一件非常困難的工作，對那些電話銷售員來說，額外要求不買影片的客人提供推薦名單，壓力會更大。有些人原本就覺得壓力很大，現在叫他們這麼做就更大了！所以人員流動率從每週的百分之七上升到百分之十。

我們每週刊登廣告，大概可以雇到三十個人。整體電話銷售員有三百名，現在人員流動率升高到百分之十，就表示新進人員已經快支援不上了。這代表我們無法繼續成長，因為我們每週雇來的新人和流失的銷售人員一樣多。

這個教訓對我這個創業家來說，就是要仔細衡量員工感受到多大的壓力，而且必須想辦法排除這些壓力。

我做的第一件事，就是在辦公室放一台爆米花機，免費提供爆米花，隨時按下去就有爆米花可吃。然後，我們在午餐時間提供餐飲服務，為銷售樓層的團隊提供新鮮熱食。我們採取的這些方法，都是為了減輕員工承受的工作壓力。

這麼做之後，雖然還是無法排除人員流動，且打電話給陌生人還是同樣艱難的工作，但人員流動率確實開始朝向有利方向傾斜。於是我們的電話銷售員逐漸增加，銷售額也跟著增加。

我們身為創業家，經常嘗試一些不可能的事情。這是我們本質的一部分。但若對員工提出同樣的要求，他們就得付出代價，最後我們一樣也要付出代價。重要的是，我學會設身處地為他們著想，用他們的方式來看待世界，而不是一廂情願地自我想像。這本來就是我的工作，我必須這麼做。

幾年前有個討論女性領導力的專案，我有幸採訪哥倫比亞大學新聞研究所所長瓊恩．康納。

她的成功祕訣是什麼呢？她說她自己跳下來「洗窗戶」。她在菁英大學工作，周圍的人會覺得，打個比方說洗窗戶，是底下員工該做的事。但她自己跳進去洗，也產生了功效。

本章之前提到的導師羅威爾．福樂塔，他在商業團體演說時也常常表達類似的觀點。「你是什麼樣的人呢？」他問群眾，「你走進客廳踩到髒尿布，是無視地走過去，還是把它撿起來丟掉呢？」我當時就有幾個孩子還在穿尿布，老實說，我就是那種無視地走過去、讓太太去收拾善後的人。但聽到他這道問題後，我再也無法無視走過。我現在開車進車庫，要是看到垃圾桶旁有東西掉落，就會想起羅威爾說的話，絕不可能不先把那東西收拾好再進屋子。各位如果能養成把必需做的事百分之百做好的心態，你就會在正確的時間做出正確的事。

招聘要慢，但解雇要快

我的經驗告訴我，我在招募人員方面，是全公司裡最糟糕的一位。因為我人格中那個推銷員會一直說個不停。這是我無法控制的。我面試別人應該是為了判斷對方是否適合，結果八成的時間都是我在說話，而不是傾聽對方。我也不習慣質問尖銳問題，只覺得自己必須向他們推銷這份工作。就好像我在說服對方，讓我雇用他們。而且我也不會去了解他們是否適合這份工作。

我們創業家就是個推銷員。如果你也是如此，那麼招募新人這種工作最好是交給團隊中的其他成員，或者專門找個人來負責這項工作。我曾跟這種招募專家一起工作過，他可以深入探索對方，獲得許多個人資訊，這些都是我自己無法辦到的。

我現在也知道，招募過程求快並不是對的作法。想要避免解雇人員的痛苦，最簡單的方法就是在招募新人時要放慢速度。這就像謹慎管理自己的承諾，不違背承諾的最好方法，就是一開始就不要給出太多承諾。很多人在招募新人時，往往太過寬鬆、太隨便，我們必須學會說「不」才行。

嚴謹的招募過程會有幾項好處。招募過程可以考驗應徵者，測試他們的決心，親眼看看他們如何應對不確定性與失望。招募嚴謹有助於降低人員流動率，相關研究指出，如果找工作的難度越高，離職率也會越少。

我說「考驗」，並不是要求應徵者跳火坑或刻意刁難他們。現在有很多科技公司常常要求應徵者拍攝一段影片，說明自己何以適合這份工作，這就是對創意的絕佳考驗。有些公司會要求開發人員透過程式編碼測驗，來展示他們的思考過程、技能和採用方法的兼容性。新創企業會把寫作測驗納入招募過程，因為新創企業幾乎所有工作都需要一些溝通技巧。我也發現，不管是單獨面試或集團面試，讓未來會和應徵者一起工作的團隊成員參與招募過程會有很大的好處。就公司的角度來看，招募過程變得更加嚴謹，而應徵者那方則是加強接受考驗。這種好處其實也是雙向的，也讓應徵者先想想：「我以後想跟這些人一起工作嗎？」

但不管過程怎麼嚴謹，最後我們還是會解雇一些人。這種事沒人喜歡做的。但我在解雇人員時嘗到痛苦，其實大部分都是因為解雇過程不夠明快。

我聽作家兼商業教練布萊恩．崔西說過，解雇員工的最佳時機就是你第一次興起這個念頭的時候，因為再拖下去只有痛苦。我覺得這種說法是有點極端，但這是一個很好的提醒，它加快我解雇員工的速度，但我還是不會第一時間就馬上開除對方。

我從我們公司董事凱特．梅里特那裡學到一條商業法則：如果公司有所獲利，你可以設定一套「方案」。對那些你可以信任、但工作效率差的員工，若公司還有獲利，我們就有餘裕投資、幫助那員工進步。但如果我們花的是投資人的資金，那就不允許這種「方案」了。嚴守這套紀律對我很有幫助。我經營的公司常常要進行許多專案，總是有些員工做不到我的要求。這時我會覺得自己跟他們還是有感情的，我會關心他們，或是說我不想經歷開除他們的痛苦。但這些情感上的牽絆是錯的，它會把你拖垮。到最後，放手讓他們去別的地方扮演不同的角色，其實會更好。

大衛的智慧
審視預定的期望

我開過一家公司，大衛曾經投資很多錢。但後來我尷尬地打電話給他，報告壞消息：我們沒能達成其中一項重要目標。當時因為有一名員工做出錯誤決策，讓我們遇到技術瓶頸，浪費了許多時間和金錢。正當我向他說明狀況時，大衛打斷我的話。

「傑夫，」他說，「所以這是人為錯誤嗎？」

我說：「是的。」而這也是他想要聽到的答案。

「我明白了，」他說，「人為錯誤總是會發生的。不過傑夫，你必須好好審視自己的期望。」

現在這種作法已經成為我的領導原則之一。員工總是會犯錯，我們對此無能為力。但如果事必躬親、自己跳出來阻止員工犯錯，反而是最糟糕的作法。我們在工作上需要授權，也需要信任自己的員工。我們要做的是定期檢視，以確保他們按照自己的預期在進行。

所以說，必須好好審視自己的期望。

為自己打造合適的團隊

我過去犯過最大的錯誤之一，就是讓自己周圍都是像我一樣的人，因為我喜歡這種人。我們都有相同的興趣、相同的思考方式，相處起來更是融洽。但這也表示我們會犯下同樣的錯誤。這些經驗告訴我，其實自己身邊的人，應該要具備一些我沒有的特質才好。

如果把人分成超級行動派和遠見思想家二種極端，各位會發現我是屬於思想家那一端的。我擅長思考，所以後來我知道，自己身邊要是沒有一些行動派的人，我就不可能成功。

我曾經有位助理，她的行動力比我見過的任何人都要高。有一次她到我的辦公室，我打完招呼後就說：「啊，我有件事要妳幫忙。」

她回答說：「我現在就去！」就朝門口走了三步，才轉過身來不好意思地看著我。「不過，」她說，「要做什麼？」她犯下的錯誤可能比我共事過的任何人都要多，但她完成的事情也比跟我共事過的任何人多五十倍。為了保持我們合作無間，我必須仔細審視我的期望，就像大衛．尼莫卡所說，我要相信她的能力，但也要仔細檢查狀況，我們一起發揮各自的優勢，就能完成許多工作。

靠著這顆創業大腦，我可以看到並描述大願景。但除非我身邊有一群迅速行動、注重細節、嚴格遵循待辦事項清單並堅持到底的人，否則我還是一事無成。要是周圍的人都跟我一樣，我們大概只能原地踏步，一路侃山談大局，直到一起滾下懸崖。

足球明星法蘭．塔肯頓有句話說：「你必須一路跟熊搏鬥，直到把牠摔倒在地。」我過去一直覺得自己有所不足，因為跟熊搏鬥我辦不到。現在我知道自己不必去跟那隻熊纏鬥。激怒熊的人是我沒錯，只要我身邊有個合適團隊就能解決這個問題。

走向豐裕之路

我們跟每個員工的關係，必定屬於這三種之一：薪水小偷、公平交易，或共同豐裕。

如果員工做不到你要求的工作，無法達成你交付的任務，那麼他們就是薪水小偷、占你便宜。要是你允許員工繼續騙你，那就是你的錯，不是他們。所以你必須站出來糾正他們，不然只好請他們走路。否則他們會讓你繼續流失資源，你不能讓他們這樣欺騙你。

公平交易就是指勞資關係剛好處於平衡。就像你去買車，雙方談好價格，你出錢，經銷商就給你車。這種交易關係，沒有誰欠誰的問題，公平交易，雙方受益。

但從經銷商的角度來看，把公平交易這種關係升級為共同豐裕，未必要多花錢。並不是說賣車的經銷商一定要免費送你車前罩才行。其實有各種作法比免費送東西更簡單。你買了車後，只要你到服務中心，銷售員都能叫出你的名字打招呼：「哇，傑夫，很高興看到你。」然後有人給你端來一杯咖啡。服務中心經理過來問：「嗨，那輛新奧迪跑得如何？你可以開過來，我們幫你換機油。」這些招呼和服務都不是他們欠你的。你付了錢，也得到一輛車子了，所以這些招呼和服務都是超出原本的交易範圍之外。經銷商做這些簡單的事，就會讓雙方的關係更加豐富融洽。

你對員工的期待，就是不要讓他們變成薪水小偷，堅守雙方的關係維持在公平交易，再想辦法讓勞資關係變得更加豐富融洽。像是設置爆米花機、免費午餐和抽獎氣球等等。有些科技公司因為設置了豆袋椅和撞球桌而傳頌一時，我好幾年前去參觀推特的紐約總部時，他們甚至還提供桶裝啤酒，龍頭一開啤酒就來。這樣的小小安排就能帶來很大的效果。

當然，這些發揮效用的小事，對你未必是真正重要的大事，但會讓員工感覺不一樣。我以前開設的科技公司，曾經因為開發進程落後，所以我跟三位最重要的開發人員表示，他們若能趕上進度，按時完成專案就能獲得二萬美元的獎金。結果其中最好的那一位隔天就請辭了。我嚇了一跳！我哪裡做錯了嗎？

其實這幾位開發人員都很優秀，在別家公司一定可以賺到更多錢。他們之所以參與專案，是因為這對他們有意義。而我犯的錯就是用金錢激勵他們，我以為這樣會有效，但這並非是他們想要的。

因此，我直接去找那位開發人員，承認我誤判情勢，只顧著自己想說的話，沒聽懂他的意思，這是我的錯！我其實很重視他的貢獻。後來呢？他留下來不走了。

建立強大的企業文化

企業文化是從上到下開始，反映出你自己的理念，以及規則設置的流程：要怎麼跟客戶交談對話，要怎麼和公司部屬及同事交接應對，回覆電子郵件時應該注意哪些事情。這些都是你必須選擇自己想要的文化，並且自己也要做到。

一旦你樹立一套文化之後，它就會開始由下而上地發揮作用，開始自我監督管理，員工發現不符企業文化的行為，就會站出來保護它：這不是我們這裡的作風。

強大的企業文化會像一隻看不見的手，指導著整個公司前進的方向。這就是你指定政策與程序的現實運作。

我認為這是商業上的伯努利效應。這是以義大利物理學家命名的物理效應，飛機之所以能飛上天，就是伯努利效應所致。當氣流通過機翼上下側時，因機翼形狀使得空氣在頂部流動得比下方快，因此機翼上方形成低壓區，有效地將飛機吸到空中。

我創辦「Pod 健身」時也看到這種提升團隊的活力。一開始，我們聘請一些健身人員，在辦公室裡設置健身房，有些人就會開始運動。我們在公司後面的大空地安置一個瓦斯烤架，很多人就自己帶蔬菜和肉類來做午餐。這的的確確就是一種追求健康的文化。隨著公司的成長，我們開始招募各行各業的人才，包括客戶服務部門、商務辦公室和軟體開發人員，這些人雖然不熱衷於健身，但對公司的成長非常重要。不到一個月，我就注意到這些人改變自己的生活。午餐時他們不帶披薩，而是沙拉；他們不喝咖啡，改喝茶。有些人甚至開始使用健身房。這就是他們被吸進企業文化中，即飲食上的伯努利效應。

我們一旦開始注意到企業文化，就會發現在成功企業中處處可見，且若有所缺，你也會發現。

茹絲葵是我很熟悉的牛排館，一直以來我都覺得很棒。但幾年前，我偶爾去吃過一、二次後，卻讓我感到失望。如果不是因為剛好在那裡舉行商務聚會，我可能永遠不會再去了。有一次因我住的飯店的關係，別無選擇，只能連續幾天在那裡吃飯，結果發現原本的茹絲葵又回來了：優質的服務、美味的食物。第三天，我就問服務生發生了什麼事？

「喔！」她說，「很高興你發現了。因為之前的經理根本不在乎餐館的好壞，所以他們後來就換了一個合適的人！」這就是管理者本身塑造出來的文化，可以讓一家餐廳向下沉淪，也可以讓它向上升起。

斟酌你的對話

有個男人對他太太說：「親愛的，妳今晚看起來很漂亮！」她卻突然哭了起來。不知道為什麼，這句話反而讓她傷心——對於我們關心的人，可能多少都會碰過這種情況。我們得到的回應，跟原本想要的剛好相反。結果我們自己也很生氣，氣對方沒搞清楚我們的意思。

神經語言程式設計（請參閱第一章的討論）的假設之一即是：溝通的好壞是由它產生的反應來定義。這是說，進行溝通的人必須對回應負起責任，而不是片面指責對方沒有接收到原先預期的內容。

無論是跟員工、家裡的孩子或配偶溝通，都要對自己的溝通方式負起責任。有位員工曾批評我常常這樣回應他：「這是我聽過最愚蠢的想法！」

我跟他爭辯說：「我才不會跟別人說這種話！」

然後，我就注意到自己真的會對別人說：「這是我聽過最愚蠢的想法！」其實我只是隨口說一句就當做事情過去了，繼續往下談或做別的事。我不是故意要罵人損人，只是隨口回應一句而已。我最近看過一部比爾．蓋茲的紀錄片，他也常常對員工說同樣的話，而且他的解釋跟我一樣：「我又不是故意的！」

這都是活力充沛的創業家可能會有的口頭禪，卻沒注意到說這種話會讓對方有什麼感受。

其實我們都需要一個內在控制器，因為溝通的好壞，是看它會產生什麼反應而定的。你必須放慢速度，看著那些跟你交談的人，仔細注意他們的反應。可能真的沒人愛聽「這是我聽過最愚蠢的想法！」這種話吧。

包容分歧

我現在已經知道，創業家要是一直說：「這是最蠢想法！」不但會讓我們賴以成功的夥伴缺乏信心，也會讓他們不敢站出來反對我們的想法和意見。

我的經驗讓我學會一種文化價值：我們都要守護自己的想法，站出來為它辯護，但我們也知道自己不會比群體聰明。我喜歡那種在激烈辯論之後還能屹立不搖的想法。我熱情激昂地為自己的想法辯護，也希望我的團隊同樣火力全開提出反駁，如果他們認為我錯了。因為我雖然常常是對的，但也常常犯錯。

幾年前我們採訪娜汀．史卓森，她那時候是美國公民自由聯盟的主席。她說她常常走進會議室，連一句話都還沒開口，對方就已經討厭她了，因為他們原本就不同意美國公民自由聯盟的觀點。所以她都會先跟對方說：「各位要是不同意美國公民自由聯盟的觀點，就應該來加入我們，參加我們的董事會議。任何事情大家都可以提出意見！」如此一來，她展現了包容不同看法的態度，原本的火爆場面也變成了一場討論或辯論。

由誰來做，而不是怎麼做

我常常一走進會議室就說：「嘿，我有一個好主意！」這種狀況多到我自己都數不出來。我會大聲說出自己的思考，熱情洋溢，滔滔不絕，說得有模有樣。離開會議室後我會再思考一遍，才發現這裡頭大概有十五個問題吧！過了幾小時之後再回到會議室，就發現我的團隊已經做好方案，跟我重新思考過的差不多。這整個過程對我而言只是思考，但對他們而言已經是開始採取行動的命令。

你要保護你的團隊，不要讓他們受到你片面想法的影響。

關鍵就在你提出下一個想法時，改變你的問題。

不要問：「這件事我應該怎麼做？」

問題不在於怎麼做，而是「由誰來做？」

我常常有很多想法，有一位商業教練曾經拒絕讓我開展一項新專案，直到我談到由「誰」來做，他才聽進去。這個經驗讓我學會把所有新想法記在筆記上，等到每季開會時才一次拿出來討論。這麼一來，那些想法都得撐得過我自己這關，等到每季會議時，再撐過大家熱火朝天的討論。如果它能通過自我篩選和開會討論這二道障礙，那麼接下來要問的不是怎麼做，而是由誰來做。

人人都愛說，擁有許多種收入是多麼聰明又多會賺錢。但我的商業教練重新釐清這個觀點，指導我說：要注意的不是收入來源有多少，而是盈利團隊有多少個。創業就是要先建立盈利團隊，才能持續擴大規模。

同時製作三、四部紀錄片，對我來說效率最好，雖然每天要花一萬五千美元讓各個團隊飛到某個地方拍攝。假設我要帶一個團隊去奧斯汀拍攝某項專案的採訪，我也會檢視正在執行中的其他系列，是不是能在當地採訪甲案的人脈關係部分，同時又採訪乙案有關投資的部分，還有丙案醫療保健議題的採訪。如此一來，這趟行程就把三次採訪全部搞定。等拿到拍攝好的鏡頭後，就可以轉發給各個專案承包單位的製片人。我的拍攝製作團隊雖然只有一組人馬，但卻有好幾組剪輯團隊處理所有專案。這就是我學會的作法，同時創造出幾個盈利團隊。

以退為進

我現在也知道創造更多盈利團隊的關鍵是，找到贏家就加倍押上去，碰上賠錢貨就趕快放手。去年我們發行了四個系列的紀錄片，其中一個比其他系列成功四倍。那時候有一位商業教練史考特・霍德曼，特別注意到這個成功系列，就問：「為什麼不針對這個主題再做一個專案呢？」我當時覺得好糗！因為這麼簡單的建議竟然是別人先想到。我們那時候因為剛剛才拍完那個主題的影片，拍完後我就把它從清單上刪掉了。要是不牢牢抓住自己的成功，競爭者就會伸手進來，既然如此，我們為什麼不自己來呢？各位要建立自己的盈利團隊，就是要為成功的專案提供更多資金，然後砍掉那些賠錢貨。

慶祝勝利

很多人為創業家工作時，會遇到的一個困難是，我們總是衝勁十足，很少停下來花時間慶祝一下。各位可以想像一下，你為銷售團隊設定了一個很高的目標，且達標了，他們感覺就像自己剛剛完成比賽，想要稍稍喘口氣，結果創業家想的卻是：「你們在說什麼啊？我們要趁現在趕快成長呀！」所以更要加倍努力，設定更高的目標。慶祝勝利什麼的，我們根本不記得這件事。

我之前提到歐羅斯多公司的創辦人派崔克・拜恩（請參閱第三章和第四章），二〇二〇年《紐約客》雜誌曾以他為主題，描述過他的這種傾向。「雖然我們每次都覺得自己已經取得一些進展，但這還不夠。」一位他的前同事指出。「這像在跑步機拚命奔跑的感覺。」

我現在已經懂得要在Google文件上整理一個名為「勝利」的文件，提醒自己每天花一點時間慶祝一下已達成的目標，即使只是小小的勝利也好。創業家大都是前瞻性思想家，關注點總是放在未來，但我們也需要懷抱感激之情，回顧每一天，體驗一下自己獲得的勝利。各位或許不想放慢速度，也不需要喘口氣，但我們的團隊需要休息。不要排斥這種想要沉浸歡樂的心情，不如就由我們自己來主持慶祝活動吧！

珍惜真正重要的人

我的好朋友蓋瑞特．岡德森是財務顧問，也是《紐約時報》暢銷書作家。他在猶他州的煤礦小鎮普萊斯長大，在家鄉被視為神童。他高中時就開始成功創業，十幾歲年紀就為家人管理資金。對於一個礦區小鎮長大的孩子來說，蓋瑞特的成就可謂非凡。後來他寫了一本《殺死聖牛》的投資暢銷書，吸引大批讀者的追捧。他在職業生涯的各個方面都很有成就。

有一次蓋瑞特開著賓利轎車回普萊斯探望家人。他太太和他一起坐在車內，她說：

「蓋瑞特，你知道自己所做的一切都很出色。你是個大作家、大商人，是個偉大的投資人，也是大家的好朋友。但你只是個普普通通的丈夫。」

這一席話讓他大吃一驚。他認為太太說得沒錯，他的確只是一個普普通通的丈夫。於是，蓋瑞特開始要求自己要變得更好。他去拜訪一些婚姻美好的朋友，請教他們是如何做到的？他們有什麼祕訣？他把婚姻關係看做是個需要解決的問題，就像創業家解決其他問題一樣，最後，他從普普通通的老公變成一個了不起的丈夫。

在討論怎麼跟其他人互動相處的一章中，我不希望忽視那些對你生活中真正重要的人：你的配偶、你的孩子和你的家人。我希望你也不要忽視他們。

當我們身邊都是合適的人，具備一些我們欣賞的特質，就要負起責任為他們創造成功的機會，這也是為自己的事業做好成功的準備。為了實現這個目標，我們建立一套工具箱，配備一些我們可以遵循、完成工作的策略。

第十章
充實工具箱

凡事都要拆開來測試一下。

（來自傑夫的筆記本）

宮本武藏是日本的傳奇武士，也是一位哲學家，他寫過一本討論劍術策略的書《五輪書》。他很坦然接受相互矛盾的現象。

他主張的一項策略是從角落和邊緣發動進攻。武藏寫道，未必要直接攻向心臟部位，而是砍斷敵人左手的一根手指，或追擊他的右腳趾等等，攻擊一些周邊的破綻，削弱對手。但他同時也主張第二種策略：直接面對面衝鋒，展開正面攻擊。這策略跟四角進擊正好相反。毫無疑問地，這些同時都是他的觀點。

對於創業家來說，我們也要像個武士，需要一個可以建立業務的策略工具箱。其中許多觀點可能互相矛盾的，但不表示哪個是錯的，而是依不同情況選擇正確的工具。此外，還要面對另一個矛盾：你做出選擇後，就要死命盯緊這套策略，除非它很明顯已經發揮不了作用，這時才能改弦更張，從工具箱中挑選另一個策略。各位請記住，我之前說過要有接受悖論的心理準備（請參見第二章），現在就是這種狀況。

我在這章要分享一些我認為有效的策略。各位的工具箱如果還沒有這些策略，就應該把它們添加進去。但我無法具體建議什麼時候該採取這種或那種行動。重要的是，在決定時必須廣泛思考，不然就會執著於某種過去有用的特定策略。固執於老方法，我現在已經知道其中的危險，就像一句俗話所言：「你要是覺得自己是把鎯頭，那麼你面對的一切看起來都像根釘子。」所以，我認為每次要進行新專案時，仔細翻檢你的工具箱。好好思考這次應該使用哪一套呢？要換個方式嗎？有時你會發現一些讓你驚訝的選擇。但我還要提醒各位的是，一旦我們選擇了一項工具，就要全力投入。結果不如預期時，才改變策略，另外換一套工具。

決定使用什麼工具，並沒有特定的順序。要為正確的狀況找到正確的工具，並不是遵循什麼檢驗清單就能辦到，而是需要嘗試與累積經驗。

放慢速度和加快速度

一八〇〇年代，楊百翰帶領追隨者和他們的手推車逃離迫害，一路向西建立錫安聖地，後來來到現在被稱為移民峽谷的地方。據說，楊百翰從懸崖上俯瞰鹽湖谷時說了這麼一句話：「就是這裡了！」

這是後來摩門教徒開始建造聖殿的地方，也是他們信仰的神聖表現。他們在距離聖殿位址約三十二公里的棉楊峽谷找到花崗岩採石場。

不過，楊百翰必須先完成二件事，眾多信徒才能建造聖殿。首先，必須派遣傳教士前往丹麥和歐洲各地，找尋願意搬到鹽湖城生活的石匠，並且讓他們改信摩門教。後來果然找到一些人過來。

然後，他們才能開採花崗岩，讓信徒用牛車從棉楊峽谷運送石材到聖殿位址。我曾經住在棉楊峽谷的丹麥路。沿著這條路，你可以看到許多人家的院子裡還保留著一些巨大的岩石，這都是當年運往鹽湖城時半途掉落而遺棄的石材。運送石材建造聖殿的工程使用許多勞力，但進展速度緩慢，慢到你可能會以為這是一項不可能的任務。

當時也是美國鐵路正準備貫穿全國，把東岸與西岸連接起來的時代。那時候有二組工人從兩岸一起動工，一組從加州向東推進，另一組則是由東往西前進。在當年那個時代，你可能也會認為這是一項不可能完成的任務。

鐵路公司後來請求楊百翰支援勞工完成這項工作。他和鐵路公司達成協議，讓所有牛車司機都去支援鐵路工程。聖殿工程因而停工長達一年半，直到東西二批鐵路工人在猶他州著名的「金色道釘」完成接軌。

這筆交易為他換來超值的便利，鐵路公司同意建造一條從棉楊峽谷直通鹽湖城市中心的支線。日後採石場可以把石材放在火車上，直接運送到目的地。摩門教徒之前花了一年半時間，做了跟建造聖殿完全不相干的事情，卻讓建造工程進展更加快速。

這套方法我稱之為楊百翰鐵路聖殿策略。我看過許多企業使用過，而且效果很好。稍後我會在第十一章「籌募資金」介紹其中一例。

快艇策略

楊百翰因降低速度，反而加快了速度。現在我要說另一個相反的方法：為了加速而加速。

一八四八年舊金山地區發現金礦，有一段時間發掘新礦就像在地上直接撿到金塊那麼容易。大家聽到這個好消息，就從世界各地趕來追逐財富，一開始幾乎每個人都成功找到金塊。

不過，他們工作所需的十字鎬、圓鍬、帳篷和一些生活必須的食物，都價格飛漲。當時金價每盎司十六美元，但在舊金山，一雙靴子竟然要賣三十美元，等於二盎司的黃金，相當於今天的一千美元。一磅馬鈴薯售價一．五美元，等於現在的五十美元左右。一間小旅館房間一個月的租金，就可以在美東買一間新房子。

所以，有些聰明的船夫開著當時最快的快艇運貨。這些單薄小船，帆架巨大，為了搶快而不裝滿船艙。這些商人從美東收購當地製造的圓鍬、十字鎬、帳篷和其他物資，裝載到快艇上迅速繞過智利的合恩角，開到美西來賺錢。雖然這些快艇載運量不及傳統貨輪，但因為迅速搶快，因此利潤要比速度慢的商船高得多。

善用他人的能量

我在選擇專案時，不會先選擇自己想做的專案，而是尋找那些比我更想做特定專案的人才。

我拍攝《治療》紀錄片的情況即是如此，這是記錄美國醫學協會想殲滅整脊治療產業的影片。美國醫學協會在一九六〇年代初成立十三人委員會，悄悄準備一舉推翻整脊治療法。他們花錢請人寫書，又找來安．蘭德絲和「親愛的艾琵」發表文章批評整脊療法。他們改變醫療法規，禁止任何醫生用任何方式與整脊按摩師合作，就算是擔任保齡球隊的醫療師都不行。後來他們又把這個委員會更名為「庸醫騙術防治委員會」加重抨擊力道。

整脊按摩師感覺到有一隻看不見的手從中作梗，但一直找不到阻力來自何處。直到一九七四年的某一天，美國整脊按摩協會主席收到醫學協會有人寄來五百頁的內部文件，才知道裡頭詳細闡述攻擊整脊療法的諸多行動。

整脊按摩師因此提出訴訟，這件案子後來在法院審理長達十三年。

後來在一九八七年，美國醫學協會密謀遏止與消滅整脊治療產業被判敗訴，整脊按摩師著實慶祝了一番，但他們的勝利幾乎沒有任何媒體關注，而且之前的名譽受損也已經造成。

我對這個過程很感興趣，想拍一部關於這件事的影片。但真正的關鍵不在於我有沒有興趣，而是有六萬名整脊按摩師比我更想講述這一則故事。因此，我不需費神來發展這個專案，它在別人的能量下照樣能夠成長。

那時二〇一二年還沒有人販售ＤＶＤ，但我就賣出了二十幾萬張《治療》的ＤＶＤ給整脊按摩師，那些按摩師通常一次會買十張甚至二十五張光碟，在進行治療時免費發給病患觀看。

這項專案的成功讓我為公司添加一條口號：拍攝令人感動的電影。

我一旦偏離這套策略，就會做出後悔的事。我曾經做過一套介紹葡萄酒的系列影片，因為我本身非常喜愛葡萄酒。這是我拍過最精緻又漂亮的系列影片，也拍得非常有趣。但這套影片就是不像其他專案那麼成功，因為它無法感動其他人。它在我的能量下成長，但缺乏其他人帶來的能量。

名人策略

在一九九〇年代中期，當我經營凱普史東電影公司時，我們專注在一些適合全家觀賞的兒童影片。那時，大多數兒童影片都是製作簡單、拍攝品質比較差的片子，也沒有人會請大明星演出。但我們要讓自家影片跟大家不一樣，所以使用膠捲底片而不是錄影帶來拍攝，影片品質馬上提升，而且我們每部電影都邀請一些大明星來演出。

我們會以邀請茱莉亞・羅勃茲為目標，有什麼不可以？不過，通常我只是選擇了佛羅倫絲・韓德森、迪克・凡帕頓、羅伯特・克爾普、雪莉・隆恩或雪曼・韓絲利。我們也會邀請一些電視兒童節目上的小明星。我們在製作第一部電影時，就邀來廣播界名人蘿拉・史列辛格博士為家長做影片介紹，這也吸引了她的聽眾。正因為我們邀請一些名人參與演出，我們第一年營收就有一千萬美元。

名人策略之所以有效，因為他們會讓你跟別人不一樣，因為這裡頭借用了明星的光環。我拍電影時，大家自然都會問有誰演出，或導演是誰。要是我說是史蒂芬・史匹柏，你光聽這個名字就大致了解這部電影會是什麼水準了。

這就是名人策略的關鍵價值。雖然我的電影未必都會找大明星參與，但我總是會考慮這個問題。

租用精品名牌策略

我二十來歲沿路推銷百科全書之後，又繼續當推銷員販賣壁板建材。這些都是一些夫妻倆經營的小公司，在全美各地經銷壁板建材。供貨來自美國鋼鐵公司或美國鋁業，代理銷售公司則是分散全美各地的小企業。（以前雖然不知道怎麼玩更大的遊戲，只是挨家挨戶做推銷，也做得還不錯！）

當時達拉斯一家名為安莫雷的公司更有遠見。安莫雷公司總裁與西爾斯百貨達成協議，以銷售額的百分之十取得使用西爾斯百貨品牌的權利，當時的「西爾斯百貨」可是個具有魔力的品牌。小時候，我們家的洗碗機是西爾斯百貨買的，冰箱也是西爾斯，我爸爸的工具全是西爾斯，連我禮拜天上教堂的衣服也是在西爾斯買的。

安莫雷後來就以「西爾斯家用裝潢」的名字從達拉斯發展到全國都有分公司，而且成為紐約證券交易所的上市公司。他們也是靠名人起家的，不過不是茱莉亞．羅勃茲，而是西爾斯。這個不是租用名字，而是租用品牌。

我在第五章「真正的雙贏」中說過史考特．艾爾德的故事，他在交易決策時不會先考慮自己的利益。史考特後來跟他人共同創辦投資工具公司，專門舉辦投資講座研討會。他們運用各種領先世代的開發技術，吸引投資人到飯店參加研討會，這是要價二千五百美元的完整投資課程。後來這項事業做得很成功，他們公司的生意十分興旺。

而投資工具公司業務量真正開始起飛，其實是拜《商業周刊》所賜，他們和《商業周刊》達成協議，得以運用雜誌品牌舉辦免費講座。因此，公司舉辦免費講座的成本大幅下降，而講座會場購買課程的人數也增加了。史考特後來也跟財經電視網CNBC達成類似協議，最後公司也達成股票公開上市，讓史考特大賺一筆。後來史考特和網購平台eBay的交易也採用同樣策略，以「eBay大學」品牌在眾多網購平台競爭者中脫穎而出，成功銷售投資課程。

策略與戰術

有線電視頻道MTV台剛創立時，音樂界還很少人拍攝錄影帶做宣傳，而且基本上都是在無線電視台播出，所以大多數有線電視經營商認為它很難生存。雖然很多小孩看到這些音樂影片很喜歡，但有線電視業者並不買單。歷經一年的推廣促銷，經營仍未見起色，失敗已經迫在眉睫。

後來MTV台一位高級主管提出「與他人一起成長」增強實力的策略。他的方法是借用觀眾的力量，向那些孩子提出訴求，發起一場運動。他們的文案：「我想要我的MTV」讓觀眾的聲音成為電視台的聲音。這則文案後來成為他們的口號，在所有宣傳貼紙、廣告看板上都加以使用，最後甚至成了險峻海峽樂團創作曲的歌名。

這項運動是MTV台擬定的大策略，並運用名人代言的戰術，邀請一些搖滾歌手及其他大牌明星說出「我想要我的MTV」這句口號。

這句口號隨之成為眾口傳誦的合唱，植根於電視台的文化中，確實拯救了MTV這個品牌。

名人也會帶來風險

名人有時也會帶來反效果，而不是協助，我們可以稱之為「歐普拉效應」。我們可能一再努力，不斷推廣，直到歐普拉也肯定你的產品。但觀眾可能反而認為：「這對歐普拉有用，因為她很有錢啊！對我當然沒用。」

因此，我們若希望大家都能接受名人代言，要先讓名人支持二項重點。

首先，代言名人真的知道他或她在說什麼嗎？

第二點也許更重要，這位名人是真的相信我們的產品，還是只是為了賺錢？如果大家都認為名人代言只是為了賺錢，這對你公司的銷售反而會產生不利的影響。

如果我們銷售的產品和名人品牌具有一定的邏輯關係，此時名人策略效果最佳。大家都知道，歐普拉一直有體重控制的問題，因此那些和體重相關的產品，就跟和她很有關聯性。知名女星葛妮絲．派特洛是值得信賴、令人欽佩、擁有廣大粉絲的明星，她在自己的網站「goop.com」銷售的產品也格外令人信賴。

群眾影響力

在社群媒體上擁有大量追隨者並從中獲利的網路紅人，是一種新型的強大名人。他們和你的品牌建立聯繫，也能為品牌帶來提升效應，但前提是他們的粉絲必須跟你的目標群眾重疊。

我說的不是讓這些網紅在社群媒體上貼文談論你的品牌。影響力策略可能比這樣的方式更直接。

以下舉三個例子來說明我的意思，這些都是為一些參加麥斯特直效行銷規畫活動的知名人士提供服務、而獲得成功的企業。

第一個是戴夫．阿斯普雷的防彈咖啡。戴夫是許多麥斯特直效行銷規畫活動的行銷策畫成員，他們的活動總是能夠吸引數百人甚至數千人參加。活動期間總會有一攤防彈咖啡，全天候提供免費的純淨咖啡：這種咖啡經過毒素測試、雨林認證，混合草飼牛油和MCT油（中鏈脂肪酸）。在大家排隊等候咖啡時，戴夫就會帶著他的行銷團隊跟大家交朋友。於是許多人都成為投資者，不但期待這家公司成功，也為戴夫帶來許多電子郵件行銷清單。現在，我們在全食超商和其他商店都能找到防彈咖啡，都是透過具備影響力的群眾領袖建立品牌後，本身也擴大產品經銷範圍的成果。

有一家叫做時來芙市場的公司也採用相同策略。這家公司相當於全食超市與好市多的結合，提供優惠的健康食品，目前是世界上最大的非基因改造食品網路零售商。時來芙的執行長籌備了一年半的時間，才創立這家公司，他也在各種麥斯特直效行銷規畫活動上，推銷他的想法，從那些深具影響力的群眾領袖籌募所有資金。當公司正式成立後，所有這些擁有大量電郵清單的行銷領袖，也會努力協助時來芙公司成功。

陶德·懷特創立的德萊農場葡萄酒公司，也是先在每年數百場麥斯特直效行銷規畫活動提供免費葡萄酒，現場還有服務人員，並且不要求任何回報。他的葡萄酒適合原始人飲食法，酒精含量低且無糖份，非常適合生酮飲食。陶德就是在這些活動中提供一杯又一杯的免費葡萄酒，和無數具備影響力的行銷領袖建立關係，當中很多人也成為加盟廠商。陶德只是跟這些具備影響力的人合作，完全不靠廣告促銷，就建立起年收五千萬美元的事業。

我並不是說麥斯特直效行銷規畫活動才是運用影響力策略的唯一場所。各位應該先問問自己，誰對你想要接觸的目標群眾具有影響力，然後確定他們會在哪些場所聚集會合。如果你的產品必須獲得牙醫推薦，那麼你就要想辦法先打進牙醫聚會的場合。

不賠錢策略

我曾經跟一位商業顧問共事過，他是個非常聰明的人，在事業上也很成功，但從未達到大紅大紫的程度。他已經創建一家利潤豐厚、價值數百萬美元的企業，但規模沒有持續擴大。之所以如此，是他父親傳授給他的策略，也是他一生堅持的策略：在賺錢之前絕對不要賠錢。

雖然這種策略完全有效，但對於潛在的成功也會產生許多限制。因為一開始就設定為降低風險，並避開起初不賺錢的機會，如此一來成功的機會雖然增加了，但擴大規模的機會相對降低。貝佐斯過去要是使用這種策略，現在就不會有亞馬遜這家成功企業。然而，每一次大膽的成功背後，也都有大量失敗的新創企業。

先賠後賺的策略

我跟各位說過有些策略是矛盾的，這就是不賠錢策略的另一面，也是我比較常採用的工具。

普羅護膚是成功的護膚產品系列，至今上市已近二十五年。普羅護膚這些年來也一直保持獲利。因為每年都會有一群青少年需要這些產品，因此普羅護膚的產品總能順應潮流維持銷售。然而，每年也有幾十家公司加入競爭，想要把普羅護膚的產品擠出市場。

大約十幾年前，普羅護膚公司開始在廣告上邀請名人代言，而且都是一些名氣非常大的明星，每邀請一位代言人都要花費數百萬美元。那些競爭對手也會想：「喔？也許這就是普羅護膚成功的原因。」所以他們也開始聘請名人代言。

但競爭對手看不到的是冰山底下的十分之九。普羅護膚新品推出的訂購單價平均只有四十九美元，但是公司成本價卻是將近二百美元。因此，普羅護膚新產品剛開始的銷售是每第一筆都要賠上一百五十美元。

但在第一筆交易之後，他們會努力活絡後續交易，讓第一筆訂單帶來更多訂單。他們等於是先花費二百美元，最後做成三百美元的交易。這就是為了拿回三美元要先花掉二美元，他們願意先投入幾百萬美元來做成第一筆銷售。

這就是先賠錢後賺錢的策略，也是他們比其他競爭者活得更加長久的原因。

侍奉國王策略

所謂侍奉國王，就是專為大戶服務，目標不在一般大眾，而是選擇財力最雄厚的客戶，只專注服務他們。

這不代表開 Kia 汽車的人就沒市場，只是我們追求的客戶更傾向是開賓士轎車的。這樣的決策會決定我們促銷產品的方式和產品本身。

在蓋瑞·哈伯特漫長的職業生涯中，他一向被稱為最偉大的文案撰稿人（我們在第七章談過很多蓋瑞的事跡），甚至是有史以來最偉大的一位。他在許多不同領域都曾製作耗資數百萬美元的廣告活動，讓所有同行瞠乎其後。他常說的一句口頭禪是：最重要是建立一份清單，如果要建立一份清單，為什麼不收集那些賺很多錢的人的清單呢？這就是為國王服務的策略。

箭牌口香糖策略

箭牌口香糖策略，是為國王服務策略的相反。這種策略的目標不是專注於向少數富人銷售高級產品，而是向大量普通人銷售非常便宜的產品，薄利多銷。各位去鳳凰城參觀一下箭牌大樓，就能領略這種策略的威力。這幢大樓由威廉·瑞格利二世於一九二九年至一九三〇年間建造，他靠販賣箭牌口香糖發家致富。他賣出很多很多口香糖，一次一包。

這二種策略我都用過，效果都很好。關鍵在於你必須知道自己的目標是哪一群人，魚與熊掌不能兼得。就像你會不到 Kia 買豪華轎車，或是到賓士、藍寶堅尼找平價車款吧。

不管你選擇哪一種策略，都要專注執行。千萬不要橫跨兩端，嘗試拉住這二個極端最危險。

大衛的智慧
箭牌口香糖讓你無往不利

每次大衛走進聚會房間，第一件事就是把手伸進外套口袋，一把掏出十幾包各種口味的箭牌口香糖，有些是無糖的，然後擺到桌子上。「來吧！」他會說，「在我們開始討論之前，大家都先拿一包口香糖。」他會開玩笑說：「這是一種心理測試，可以告訴我很多關於你的訊息。」這是活絡氣氛、打破僵局的好方法。

事實證明，箭牌口香糖還真是有用。有一次大衛去機場卻忘了帶錢包。那是還沒有美國運輸安全管理局和飛航安全管制。他走到站在閘門的女士前，伸手拿出口香糖。「妳知道嗎？」他說，「妳看起來像個天使。我真希望妳是個天使，因為我現在需要天使來幫我。不過，妳先拿一包口香糖。妳喜歡哪一種？」

大衛常常這樣做，所以有些人雖然不知道他叫什麼名字，但知道他就是那個常常拿出口香糖的人。有時他會邀請我去看猶他州爵士隊的籃球比賽，跟我分享他的場邊座位。我和他都知道他會遲到，因為他總是遲到。他會打電話叫我帶上一包口香糖，直接把車停在爵士隊的停車場。所以，我即使沒有停車證，只要給服務生一條口香糖，跟他說那個送口香糖的人很快就會帶停車證過來，這樣就可以了。我進到球場裡，也是向領座員遞上一條口香糖，跟他說那個送口香糖的人很快就會帶著我的入場券過來。每次都有效。

對了，那天在機場，後來怎樣了呢？大衛順利搭上飛機啦。

刮鬍刀策略

當柯達在攝影市場占據主導地位時，它並不是透過銷售相機賺錢。事實上，柯達以低廉價格出售優質相機，而賺錢的則是銷售底片和沖洗照片。這是一種很棒的策略，它主要提出的問題是：如果我們的產品能夠長期為客戶提供服務，一開始的前端收入是否可以減少？

這種就叫做刮鬍刀策略，因為刮鬍刀市場也是靠刀片賺錢，而不是刀架。印表機市場也是如此。如果你發現購買墨水匣的費用幾乎等於一台印表機本身，就會明白我的意思了。

領先者策略

各位如果是第一個進入市場、創造出全新產業的人，就必須快速採取行動，儘快占據主導地位。在這方面，沒有比團購網酷朋更好的例子了。這家總部位於芝加哥的團購新創公司，是史上銷售額最快達到十億美元的企業。

酷朋的主要業務，是把客戶對特定產品的需求，和願意以折扣價出售產品的廠商撮合在一起，完成交易。他們的第一次買賣是找到二十五名客戶以半價團購芝加哥廠商供應的漂浮艙療程。交易收入的百分之五十給廠商，另一半歸酷朋。酷朋依靠這種交易模式在二年內，營收額就達到十億美元。

領先者的優勢幾乎是不可能被擊敗的。但我們知道，還是有人辦得到。過去的入口網站 Yahoo，曾有段時間在網路搜尋方面處於壟斷地位，後來卻由 Google 取而代之。

但大致來說，領先者優勢如果謹慎保持，競爭者就很難發起挑戰。我不知道現在世界上還有哪家公司可以挑戰亞馬遜，跟它競爭。就算是沃爾瑪也辦不行！傑夫．貝佐斯在搶先行動、攻占市場後，還是不斷擴大規模，一路前進，才建立起現在的地位。

早在二〇〇〇年代初期，歐羅斯多公司就組織過一支團隊，成員都是我見過最聰明的人，他們花了一年多打造一個代號為「餅乾」的祕密專案，也就是投資開發歐羅斯多拍賣網，要跟 eBay 拍賣網正面交鋒。不過各位如果想去看看「Overstock.com」長什麼樣子，現在已經找不到了。這就是他們試圖逆風挑戰 eBay 拍賣網的先發優勢，eBay 不但吸引賣家上架陳列各種商品，也吸引許多買家到他們的網站為賣家提供收入。eBay 已經掌握買賣雙方的群眾優勢，像歐羅斯多拍賣網這樣的競爭對手即使能夠吸引賣家上架陳列商品，但若不能吸引買家上門，整個拍賣網站還是像座鬼城。雖然網路本身能夠創造價值，但當時 eBay 的優勢仍然銳不可當，也沒有出現大型競爭對手的挑戰。

快速追隨者策略

快速追隨者在看到像酷朋網站如此成功的操作，也跟著跳入相同的商業模式，無須承擔未經測試的風險，就能利用新構想從中獲利。這種策略也是可行，因為我自己也做過。

我當年看到酷朋網的崛起，也決定採用它的經營模式。這是我第一次創辦一家不是自己原始想法的公司。我們把一些慈善活動納入其中，與兒童奇蹟網路合作，成立「珍重交易」公司。

像酷朋這種公司成功的關鍵，是掌握了一份電郵清單，這樣才能向許多網友提供優惠，採購商品。要創辦一家交易公司並不難，但如果我們沒有一份可以每天提供商品交易機會的電郵清單，那麼生意還是做不起來。

我當時與兒童奇蹟網路合作，獲得大約一百多個慈善機構的聯繫方式，這些慈善機構與我們分享他們的電郵清單，在九十天的交易期它們可以分享我們交易額的百分之二十五。在那三個月中，我們所有的獲利都捐給慈善機構。這種模式即慈善機構不直接籌募資金，而是向支持者提供一些優惠商品交易。這是一種可以持續下去的慈善捐贈模式：消費者以百分之五十的折扣價格購買披薩，還能支持慈善事業。而我們做為商家，就是希望第一次交易的客戶會再回頭採購，過了九十天後，那些利潤就會屬於我們商家。

快速追隨者並不想自己披荊斬棘，開出一條路來，而是跟著別人開出來的路前進。有一段時間，我們就跟著酷朋的腳步走，而且成效很不錯。不幸的是，酷朋自己後來很快就走到盡頭，事實證明它只吸引到一小部分的消費者，大概只有百分之三的消費者會真正購買所有的折扣團購。那些重度使用者的辦公桌抽屜裡一旦塞滿各種優惠券，他們就再也下不了手了。酷朋股價後來從每股三十五美元跌到三美元以下。我們那家公司的業務在酷朋退燒後，也跟著大勢一路走下坡。後來我把珍重交易公司賣給美國廣播公司的地方附屬企業，退出團購市場。

快速追隨者案例中，最成功的可能是臉書，它走在 Myspace 後頭，踏上社群網站之路。在二〇〇五年到二〇〇九年之間，Myspace 是全球最大的社群媒體平台，但之後逐漸陷入困境。臉書發展初期，馬克・祖克柏的指導原則就是：「不要變成 Myspace。」臉書的崛起，正是把快速追隨者策略發揮到淋漓盡致，充分學習 Myspace 的正確作法，同時從所有錯誤中吸取教訓。

綜合推論策略

抄襲競爭對手，那是常有的事。更巧妙的作法，是把不同產業的成功點子綜合起來，變成自己的一套。在特定產業中的成功作法，在業界會很快傳播開來。真正的創業家，會從自己的產業外，找到可以用在自家業務上的成功創意。

綜合推論策略的好例子是軟體編寫的發展。軟體編寫實務大致上已經從過去的瀑布式開發，轉向我之前說過的敏捷開發方法（請參閱第四章）。從酷朋、臉書和 eBay 等大型科技公司，到一些才剛成立、希望日後坐大的新創企業，軟體產業中幾乎每個人都接受敏捷方法。

就概念上而言，瀑布式階段開發把軟體編寫視為建設一幢建築物。我們要投入大量時間和金錢，畫出詳細藍圖，掌握住每一個細節，等到一切就定位，才能開始進行建造。要蓋一幢建築物，這麼小心謹慎當然很合理。你絕不想在蓋了二十層樓之後，突然決定要把電梯井換個地方，因為一切都得重來，改建的成本非常高昂。

然而，軟體開發和蓋一幢建築是完全不一樣的。邊做邊修改程式根本不是什麼大事。反而埋頭苦幹、盲目遵循軟體藍圖，風險才會非常高。這就是為什麼常會發生軟體開發苦幹實幹二年後交件，卻難以滿足客戶需求的情況。

正如我們之前討論過，敏捷開發根據儘早上線、頻繁修正的概念，從最小可行產品開始進行疊代。開發人員以「Scrum」的短期衝刺方式工作，通常持續一到二週，最長也不會超過四週。我們會把每個版本展示給客戶看，讓他們提供回饋，指導我們未來前進的方向。這樣的軟體開發會形成永無止境的疊代過程，而且這套方式實際又有效。敏捷開發和最小可行版本的發布，即是精實創業的核心，現在已經成為科技型創業家的首選方法。

各位知道敏捷方法是怎麼來的嗎？其實它一開始和軟體開發毫無關係。這是已經存在六十年歷史的創新概念，由工程師威廉·戴明首先提出，在一九五〇及一九六〇年代引進豐田汽車公司。敏捷原則就是豐田整套品質的核心策略，讓豐田汽車從廉價、低品質的製造商，提升到全球最高標準。這套方法在豐田公司根深柢固，裝配線工人都有權在發現品質問題時，叫停整條生產線。即使是一些個別的獨立專案，例如改造工廠生產新車型，也會分解成幾段的短期衝刺進行。每段衝刺結束時，專案經理都要評估進度、檢討問題，然後在開始下一段衝刺前進行調整。這套方法能夠獲得一致的結果：在預算內按時完工，說不定還會提早完工。

運用病毒式行銷的群眾募資也是另一個好例子。猶他州一家電影公司透過向現有客戶預售影集《天選之人》，為第二季籌集一千萬美元，這是該公司自行進行的眾籌活動，沒有使用群眾募資網站。這趟募資就是非常出色的綜合專案。他們繞過製片廠、外部投資人，也繞過發行商，完全透過正規電影產業之外的策略，實現拍片專案。而一些大牌電影製作人還在耐心等待 Netflix 或亞馬遜公司的預約，才能向他們推銷新影集系列。

資產鎖定策略

有時候企業家也無法保障自己的點子，免除競爭對手的侵害。酷朋雖然完美執行自己的策略，但它無法設定圍牆，排除競爭者。沒多久酷朋就面對幾百家像我創辦的小企業互相競爭，此外，亞馬遜支持一家叫做生活社群的公司，也參與同一市場，這家生活社群後來還占有一席之地。

我要是碰上這種狀況，第一件要做的事，就是想像競爭對手需要怎樣的資產來對付我。他會找誰合作？誰做供應商？這些人都需要哪些資產？然後我會去找這些相關企業，看看能否達成獨家供應的條件。不管競爭對手準備從哪方面複製我的商業模式，他們都會發現我已早有防備。

這種策略有時甚至比申請專利還有效，像是簡單封鎖所有競爭對手可以用來宣傳品牌的網址，就能讓它一籌莫展。你剛進入某產業時，除了申請自己的網址，還可以用低價收購其他三百個不同名稱的網址。等到競爭對手想要申請自家網址時，就沒機會了，因為已經被你占用了。

限制調控策略

要阻擋競爭對手進入市場，除了在資產方面下功夫外，還可以尋找一些足以束縛產業的限制因素，並搶先控制它們。

我從事的紀錄片產業，大概有六家競爭對手，我們在發布新片時都會受到時間行程的限制。例如我們要在八月四日發布一套系列的作品，要在十二天前讓跟我們合作的電郵清單聯盟發送電子郵件，發布消息，請消費者在節目上檔後註冊觀看。而一套系列影集播放天數為二十一天，整個行程加起來大致就是一個月。

我每年大約製作四套系列作品，而那六位競爭對手可能也是如此。我們都和一些相同的電郵清單聯盟合作，所以一年裡需要二十四個月，才能跑完我們所有的系列作品。讓人驚訝的是，雖然我們彼此競爭，但一直維持友好關係。我們盡可能制定不會跟同業正面衝突、不會瓜分潛在觀眾的時間表。但整個產業其實還是需要更多的時間排程。

我們的限制點其實不在影片發行時程，而是電郵發送的排程。這些擁有龐大電郵清單的組織，都有許多我們的訂閱者，他們都在等待我們的建議和推薦片單。所以你只要讓電郵機構優先宣傳你公司的影片，就能立於不敗之地。

我現在的工作重點，就是開發有史以來最好的發送聯盟夥伴關係，來調控這層限制：我支付最高分紅、做最多後續服務、送出最多感謝禮品，盡我們所能照顧發送聯盟，一定要做到業界的領先者。

找到產業的限制，掐著它的咽喉，你就可以控制整個業界。

重點策略

我在密西西比州有位朋友喬爾．邦加，他讀了管理顧問艾爾．理斯的書，理斯擅長重點策略：確定核心焦點，除此之外不做他求。

喬爾把這套策略記在心裡。他對好幾種生意都有興趣，設立部門操作專案，這些事業日後也都有獲利潛能，但後來都一一關閉或轉售，把資源像雷射一樣集中在核心產品上。成效卓著，業績興旺，後來又以高價售出他的事業。

事業成功讓他和太太生活優渥，令人羨慕，可以自行決定下一步將精力投入何處。喬爾在密西西比州出生長大，他非常清楚在每項經濟調查中，密西西比州都排名墊底。他決定改變這一點。喬爾採取對他很有幫助的重點策略，尋找他可以利用的大量資源，讓密西西比州擺脫墊底局面。

在那段期間，他分別做了二件事。

一是改革該州的藥物毒品防治法，有些不切實際的法條把許多人送進監牢，出獄後被貼上罪犯標籤，無法順利找到工作。

第二是發行助學券，讓家長為孩子選擇學校，接受更好的教育，藉此提升全州的教育水準。他後來代表共和黨競選州議員勝選，此後一直在密西西比州議會服務。他把自己的舊辦公大樓一分為二。一邊是他親自領導的團隊，致力改變密西西比州毒品防治政策。這些工作是他的核心焦點。喬爾也是我目前進行系列節目的合作夥伴，這系列講述了禁毒戰爭反而造成更多民眾使用毒品，這是他極為關注的重點。

辦公大樓的另一半，則是創建另一個組織，負責發行助學券。他自己沒花多少時間在這上面，而是由團隊專家領導，讓他們自由追求及實現這項目標。

霰彈槍策略

儘管我很喜歡重點策略，但並不適合我。我之前跟各位說過，我的大腦不是這樣運作的。我常常同時做五到十件事情。這是一種看似混亂、卻是有序的狀態，我稱之為霰彈槍策略。

就我來說，我只能採用這種策略。過去我以為一心多用是我失敗的原因，直到科爾貝性格測試的創始人凱西・科爾貝跟我說，我並不是專心致志的性格。「誰要是跟你說你一次只能做一件事情，那麼他就是不懂你的大腦運作。」她對我說。「你應該同時做十件事情。」

後來我的商業教練羅傑・漢彌爾頓更進一步做了補充。「傑夫，」他說，「你需要同時做十件事，但不僅僅是做而已，你需要做十件賺錢的事。」

如果你不打算採取重點策略，那你也要學會怎樣做才能成功。企業家如果把時間花在不賺錢的事情上，當然是不會成功的。各位如果要一心多用，也要專注在一些高價值的事情，專注運用大資源，不要管那些雞毛蒜皮的小事。

學會說「不」

創業家在任何情況下都會說「好」，我們很容易觀察到別人看不到的潛力和機會。這種傾向根深柢固。我們常常說：「我能做到，我會把它搞清楚。」這種傾向跟很多人形成鮮明的對比，一般人常常看到的是風險而不是機會，因此對新的事情很難接受。有一些書籍的主題就是要你在生活中多說「好」「是」，然而關於拒絕、說「不」的書卻很少。

我發現創業家在生活上也常常說「是」，以至於忙得瑣事纏身，難以自拔，只能在過度投入之際，勉強把頭伸出水面喘口氣。我碰上各種最大的遺憾，通常都是輕易說「好」「是」所帶來的，而不是那些我主動放棄的交易。

要簡化生活，就是要學會說「不」，所以我把拒絕視為一種策略。我最近投入時間和金錢，跟一位我非常仰慕的知名人士合作電影專案。但這位專案投資者跟我一樣狂熱，但他又沒有拍片經驗，卻非常想管事。另外，他們還帶來了另一位製作人，我和他們合作的過程中，發現我們的理念和工作風格截然不同。

我可以看到未來會是什麼光景。我必須努力教育一位缺乏經驗的投資人，還要應付一位跟我完全不同步的製片人，這樣的合作恐怕只是惡夢。

因此，我一開始就抱著很大的遺憾退出這筆交易。我學會說「不」。這對我來說是個新工具，也是一種新行為。雖然它違背我的直覺，但如果堅持繼續合作，只是安放一顆定時炸彈而已。

最後一些話

我在這章一開始，就提出最重要的教訓：不要愛上任何一種單一策略。

我對各位的建議也是如此。我們要為個別挑戰選擇正確工具。不要害怕問自己：「我是否選擇正確的策略？」

遇到矛盾衝突要保持開放態度。有時我們會發現，也許相反的策略更適合我們的事業。我們必須做出選擇，然後堅定運用它；若發現不起作用，也必須毫不猶豫做出其他選擇。

當然，如果沒有資金的投入，那什麼策略也無法執行。因此，再來就是要討論資金籌措的問題。

第十一章 籌募資金

如果用錢可以解決的問題，而你又不缺錢的話，那就是沒問題。

（來自丹．蘇利文）

大家常問我怎麼會去當電影製片人，他們會問：「你上過電影學校嗎？」我笑了。我不但沒上過電影學校，甚至連高中都沒念完呢！我之所以成為電影製片人，其實跟製作電影無關。我成為電影製片人，就像我創辦軟體公司一樣：因為我學會如何籌集資金。

各位如果能籌到資金，那麼你想幹什麼都可以。假設我們決定創建一套新的搜尋引擎跟 Google 競爭，就算我對搜尋引擎一無所知，你對搜尋引擎也一無所知，但如果我們能籌募到資金，就可以開發一套搜尋引擎和 Google 競爭。

身為創業家，籌募資金是你必定要掌握的重點，光是這套技能，就可以推動任何你想成就的事業。然而，許多人都很難做到這一點，他們問錯問題、看錯重點，甚至把籌募資金這種事外包給他人。

現實情況是，如果你要為自己公司注入資金，就要自己去找投資人。這種事情不能委託他人，你自己必須培養這項技能才行。

我會知道這件事，是因為我就是這麼做的。這麼多年下來，我總共籌募到一億零八百萬美元的資金，其中三千三百萬美元來自個人投資，其餘是我身為企業創辦人之一而籌募到的七千五百萬美元，其中大部分是來自法人投資機構。《富比士》雜誌幾年前有篇報導，說我是全球群眾募資的專家之一，這句話在當時的確如此，因為那時候在群眾募資方面還沒有多少專家。在當時這可是一套新方法，在全部都是瞎子的世界裡，獨眼龍就能稱霸為王！不過，我確實透過群眾籌資的方法，募集好幾百萬美元，這個主題我會在第十二章仔細說明。本章重點是討論從個別投資人籌集資金。

在我們討論細節之前，我想在籌募資金上張貼警告標示：「小心致命！」對於這個警示，我會在本章最後再回來多做說明，我現在只想告訴各位：從別人那裡籌募資金並不會改變失敗的可能性，但這麼做確實會讓風險更為擴大。我們一旦從別人手上募集資金，也就難以完全掌控自己的人生。但我們還是必須這麼做，因為這是成功的重要因素。只是要提醒各位，對此絕不要掉以輕心。

錢就在那裡

我們擁有願景和夢想，有一個大有前途的商業點子，真實到讓你的指尖感到迫不及待。這時候我們需要的就是資金，好讓大家可以集思廣益，想辦法讓夢想實現。我們也許獨自坐在客廳開始思考：「好！我該找誰來投資這個計畫呢？」結果你半個人都想不出來。對了！附近不是有個有錢人嗎？他家就在巷子走到底就到了。他叫什麼名字呢？

「哎呀，」你會想，「我不知道怎麼跟他說呢。」

這一點也許就是你沒想到的地方。

其實，你身邊的人都在努力尋找賺錢的方法。他們坐在家裡，整天盯著天花板在想：「我那個股票投資組合好像不太好。我還可以把錢放在哪裡，既能帶來更多報酬又更安全呢？」

你一直身在資金的海洋中，只是你從沒注意到而已。

這座資金之海只會變得越來越深。全世界有七分之六的人，自己居住的房子沒有合法所有權。有很多發展中國家甚至從來沒制定過法定所有權的制度。他們或許也有相當於所謂「法院」的地方，保管一些資料，記錄誰擁有哪些財產。但在那種國家，一個手握兵權的軍閥就可以直接發號施令：「喂！把他的名字畫掉，把我的名字寫上去。從現在開始那就是我的房子。」在這樣的國家，我們不會有動力投資買房，更重要的是，我們也沒辦法用房屋抵押借錢貸款。

但是這種狀況正在逐漸改變。我在尚比亞有個朋友，他正取得政府許可，運用區塊鏈技術向過去從未擁有過財產權利的民眾頒發合法產權。這項工作在一些非洲國家也正在進行。他們頒布產權的方式甚至比我們更先進，以後也會變得更好。因為區塊鏈比我們以前做過的任何方式都更加安全可靠。像這樣的發展中國家，有朝一日也許會領先美國，搶先達到最先進的水準。

這對世界的影響就像過去對美國的影響一樣。美國建國後，聯邦政府取得新領土的土地所有權。它透過出售土地引導人民先到大西部開發，並藉此為聯邦政府籌措資金。當許多民眾往全國各地遷移時，也有許多投機客介入其中。例如在芝加哥真正成為芝加哥之前，許多紐約投資人就先在芝加哥買下土地。等到當地房地產市場飆漲，銀行又根據這些資產價值發行貸款。許多投機客又介入推高房價和地價。雖然最後資產泡沫破滅，許多銀行隨之破產，但很多人也終於搬到芝加哥這個地方了。這就是美國現金經濟開始的方式：以房地產做抵押，由銀行提供貸款，進而創造現金流動。

未來十年，隨著全球財富產權的合法登記，會有從未有人利用過的一百兆美元進入資本市場。這也等於之後會有一百兆美元的新資金進入世界市場。其實我們在美國也看到政府為應對冠狀病毒帶來的經濟衝擊，創造了六兆美元的新資金流動。我們的經濟充分吸收這些資金才會因此而活絡。

各位要是枯坐原地，心底想著週五沒有錢發放員工薪水時，就要提醒自己想得更深、更遠，想像自己要怎麼玩一場更大的遊戲。我們就坐在好幾兆美元資金中，等著你去發揮和運用！

心理建設

資金其實都在，只是你必須找到它們。我也常常提醒自己這句話：世界各地都有很多錢！

讓自己成為解決方案

我有一位電影製片人朋友，他總是在為下一個專案籌募資金。他曾經擔任我的導演，我們會去拍攝某位有錢人，我會看著他怎麼跟他們交涉，說服他們出錢支持。他的意思大致上就是說：**哇，你有很多錢嘛！我現在有一個好劇本要拍，你應該出點錢讓我拍片。**

這麼多年來我一直看著他這樣做，很有趣。最後我不得不告訴他，在籌募資金方面，他那些直覺根本不對。

你說你需要錢，所以呢？市場並不關心你缺不缺錢啊。雖然你站在金庫前，裡頭裝滿你需要的金錢，但除非你知道金庫密碼，否則那道門永遠不會為你打開。

在第十章中，我說到怎麼運用別人的能量。我不拍我想拍的電影，而是要拍別人比我更想拍的電影。這個道理也可以運用在籌措資金上。

我太太朵麗是個小小房地產投資人，她手上有好幾間單戶住宅。不過這不是她的主業，她是瑜伽教練、皮拉提斯老師、私人健身教練。房地產投資對她來說只是興趣，也給她一點財務上的安全感。有一次我們一起去健行散步，她說她找到六十萬美元的四聯幢公寓，這個價格很便宜。她正在想辦法籌募十五萬美元先付首期款。

我說：「妳為什麼不籌集所有的六十萬美元呢？」

她聽我這麼一說，十分吃驚。對她來說，要籌措十五萬美元就比登山還難，要籌措全部六十萬美元，簡直像是叫她去爬聖母峰！

但她沒有發現到的是，剛售出商業房地產的投資客在一定時間內就必須報稅。因此，他們要儘快把那筆資金投入另一個房地產專案，否則就要繳稅。他們就是那些盯著天花板思索的人：「我現在希望找到一間房子，可以把這筆錢投資進去。真希望有人可以跟我合作，我就不必天天這樣提心吊膽，不然就要繳稅啦！」

朵麗跟我的製片人朋友一樣，也在尋找方法解決她的問題。但事實上，如果她站對位置，她就能幫別人解決他們的問題。我們有一些朋友是會計師，他們有很多客戶，那些正是想找她解決問題的金主。

你不能光想到自己的專案和它對你有何意義。你不能像我朋友那樣說：「我真的很想拍一部很棒的電影。你有很多錢嘛！你能幫助我拍電影嗎？」你必須改變自己的觀點。找錢的方法是透過投資人的眼睛來看這件事，不是透過你自己的眼睛。

了解投資人想要什麼

了解大多數投資者想要的基本事物，這對資金籌措非常重要。

- 他們想要可預測性，預測資金流向何方。
- 他們希望在朋友面前擺譜顯神通，想藉此提升自己的社經地位。他們希望自己顯得很聰明，讓大家佩服自己。
- 他們希望自己就像個內行的專家，好像他們對於各種狀況了如指掌。

- 他們希望投資的報酬率要高，但風險要低。他們既害怕錯過機會，又想避免愚蠢的投資讓他們丟臉。
- 對部分男人來說，賺錢就像是某種運動比賽，他們只想要贏，只喜歡贏得偉大的勝利！
- 女性則不太一樣。她們傾向注意安全多於報酬，對於金錢希望能感覺心安理得，也想要給予和奉獻，希望自己有所作為。

判斷發展中國家健康狀況的方法之一，是注意嬰兒與幼兒的體重。如果小朋友營養不良，體重過輕，整個社會的表現必定很糟糕。要是嬰兒體重有所提升，代表整個社會的健康狀況獲得改善。這正是國家狀況進步的關鍵指標之一。

那些想要解決這類問題的組織發現，如果他們提供資金給男性來解決這些問題，只會讓國內的吸毒、賭博和酗酒增加，但嬰兒的體重卻不會增加。唯有將錢提供給女性創業家解決問題，嬰兒體重才會增加。這就是為什麼我們看到世界各地很多小額貸款專案，都是針對婦女同胞，提供她們二百美元貸款購買縫紉機或製磚機。這些組織發現，要改變這些社會，最好的辦法是灌注資金幫助婦女，才能提升商業活動。

如果你想籌措資金，也要注意這一點。預計二〇三〇年時，全球六成以上的財富會由女性控制。我們現在討論的，是從現在開始到二〇三〇年之間，全球會有數兆美元的資金流動起來，而創業家對社會提供想法、做出貢獻，也會變得越來越重要。

大衛的智慧
下半場一定要努力

我剛開始創辦「Talk2 科技」時，原本只是我一個人的想法。後來我打電話給大衛，他說：「傑夫，如果你的點子很好，我一定會第一個投入十萬美元，因為要籌措到第一筆資金最不容易。」

後來我又找了三位朋友合夥，正式簽約完成法律程序，開始以每股一美元的價格，希望能籌募到一百萬。大衛幫我們擬訂股權結構，這對創辦事業的下半場實在太重要了。他要我們每人籌措二十五萬美元。大衛幫我出了十萬，因此我只要再籌措十五萬。他這種方法即是過去沒有過的飢餓行銷。

所以我打電話給一些朋友說：「哈囉！我們現在正在籌措一百萬美元，但很不幸的是，現在只剩十五萬美元的額度。我不能給你五萬美元的投資額度，只能二萬五千美元。你肯定不想錯過這個機會吧！」

大家都竭盡全力外出湊錢，不過花了一個月時間，只籌募到六十萬美元。當時還有二十五個人在觀望，但我們幾個已是筋疲力竭。

但大衛還沒放棄。他跟我們說：「你們告訴大家，到週五的五點前都還能做決定。第一輪募款還缺多少，大衛．尼莫卡都會吃下來！到了週一我們會再努力募款，但每股價格會從一美元漲到二美元。」

到了週五的下午五點半，有人手裡拿著支票跑進來說：「我錯過了嗎？我現在還能加入嗎？」我們當然收了他的支票。後來我們不但實現募款一百萬美元的目標，而且事情處理得乾淨俐落。最後，我們為這家公司籌募到七千五百萬美元的資金。

不管任何事情，下半場一定要更加努力。跟同伴一起並肩奮鬥，採用有組織的方式制定交易、籌募資金。只要把籌募工作適當分配，就不會有人覺得自己是第一個投資人，而背負莫大的風險。

動能、動能、動能

我曾說過我的九一一紀錄片《國土之上》的籌備及拍攝過程，它後來入圍奧斯卡金像獎的提名決選。這部電影的預算從三十萬美元開始，後來增加到八十萬美元。我這部影片獲得財務上的成功，讓投資人在很短的時間內，就獲得二倍半的投資報酬。其實籌募資金就是打打電話，告訴他們我接下來要做些什麼，毫不費力就募到八十萬美元。

我們最後收集到有史以來最多關於九一一事件的影片和鏡頭。我們也找到一些倖存者，他們的辦公室在飛機撞進大樓處的上方。他們的故事非常精采，扣人心弦，也意義深遠。我那段期間不時在路上淚流滿面地想：「大家開車經過這裡，怎麼能還無動於衷地繼續過自己的小日子呢？」

我一開始是邀請一些投資人到我辦公室共進午餐，向他們展示一些採訪片段，讓他們看看我們正在做的事，也讓他們了解這部影片會帶來多少影響。後來，他們會帶著朋友一起，這些朋友也想知道還能不能投資這部電影。但我會說不，我們不需要太多資金。有一次，我在辦公室的椅子上發現一張支票，上面寫著：「傑夫，我真的很想參與拍片計畫，你能接受我的投資嗎？」

後來我們有機會邀請凱文．科斯納和希拉蕊．史旺旁白配音，也收集到更多珍貴鏡頭，因此，我們需要更多資金。於是，我把預算增加到一百七十萬美元，也從那些看到專案動能而想參與的投資人籌募到這筆錢。

這種大家爭相參與投資的情況，跟你在家抱頭苦思週五要去哪裡弄錢來發薪水，剛好形成鮮明對比。這就是動能形成的差異，因此，你要搞清楚的就是怎麼表現出專案動能。

籌措機制

關於籌措資金的機制，並沒有什麼新奇奧妙之處。其實都是一些稀鬆平常的事情。但重要的是，要知道如何利用槓桿，如何借力使力。

傻錢

我們出錢投資，並非投資一個想法，而是投資一家企業。各位如果還只是在紙上談兵，那就不可能獲得資助。所以，第一筆資金可能是來自你自己，或是信用卡借款，或是你媽媽。

我沒說錯，找你媽媽出錢。

我有個朋友在加州橘郡開了一家非常成功的醫療企業。有一次我去他那裡，在那幢漂亮的大樓見面，坐上他嶄新的勞斯萊斯一起去吃午餐。吃完飯回來時，把車停在他另一輛奧迪 RS7 旁邊，然後走進辦公室，他媽媽就坐在裡頭。

他媽媽會在那裡，因為那是他這些生意、這幢大樓和他那些豪華轎車，就是從他媽媽拿房子做二次抵押借錢幫他開始的。所以，我們也要面對這項可悲事實：大多數企業一開始時，就是要你自己流汗、流淚，甚至流血拚出來的。

當我們有了創業的想法，就需要金錢資助。你也許需要申請更多信用卡，或是找朋友和家人籌措第一筆創業資金。我一直認為，這世界要是沒有美國運通卡、Visa 卡或萬事達卡，創業經濟可能就會消失無蹤。

對法人投資機構來說，這筆錢有個名字。

叫做傻錢。

我想他們也不是故意貶低它的意義。這種錢通常來自一些不知道如何正確審查交易、也不知道應該要求什麼報酬的投資人。他們會投入這筆錢，未必是他們喜歡那個創業點子，而是因為他們熱愛企業家本人。但有時候這筆不知所謂的傻錢也會贏得大筆獎賞！

如果你要找專業投資人，就必須讓他們看到你消除了哪些交易風險。就像大衛・尼莫卡所言，對某些人來說，他們會覺得一股五美元的股票，會比每股一美元的股票還便宜。因為一美元股價的企業，最後失敗的可能性太大了。因此，這意味了創辦企業的第一筆錢，要你自己出。

為商業點子估價

經驗告訴我，我們必須知道自己的想法有多少價值。在創業過程中，唯一承擔風險的就是那些資金，所以你必須對這項事業進行適當的價值評估。過去在網路泡沫時期，光是一份商業計畫和一支可靠的管理團隊，初步價值評估即可達八百萬至一千萬美元。這還只是企業本身就有的價值。不過這個泡沫終究是破滅了！

我們必須現實看待企業估價，因為這也是我們評估投資人可以獲得多少報酬的方式。各位如果要籌募一百萬美元，並且願意拿出公司百分之五十的股權來實現這個目標，你可以評估它的價值是二百萬美元。有些創業家會很離譜地向投資人提出：「我們這個點子很棒！我們要籌措一百萬美元，讓出公司百分之五的股票來獲得這筆資金。」一家還停留在想法的企業，價值就高達二千萬美元？這種好事是不可能的！

你的律師

資金籌募有其法律程序需要打點，這個過程既屬必要，其中也有許多陷阱要注意。那些募資的文書工作和正確的報價結構，都需要法律專業協助。各位不要去找那些一般的商業律師，否則你要幫他付出許多學費來學習證券法規。證券法規一直在變化，其中存在很大的風險。

如果你從公眾那裡獲得資金，通常只會跟一些經過認可的專業投資人交涉談判。這表示跟我們打交道的，都是一些真正的金主和有錢人。這讓我們可以利用安全的法規條文，向合格投資人提供的尚未法定註冊的商品。如果是直接向大眾提供商品，尋求投資，這些商品必須先通過法定註冊，這道程序可能就要花上幾十萬美元的費用。如果你公司規模還很小的時候，大概也沒辦法股票上市。因此剛開始的時候，有許多程序要先避開法定註冊的過程。

後來歐巴馬政府制定一些新的指導方針，讓我們可以採用未上市募股形式向大眾招攬資金，但其中還是有些障礙需要排除。

在這方面各位必須取得專業的法律協助，因此必須聘請熟悉證券法規的律師。

風險揭露

各位在風險揭露文件中所列出的風險因素，包括所有可能導致惡化的因素，請不要刻意隱瞞，要盡己所能，仔細地想一想。我們也許會碰上經濟困境，或遭到競爭對手收購，甚至包括管理團隊的重要成員猝死。

像這樣的風險都要列入風險揭露文件中，因為這不是給投資人，而是給你自己看的。多想想、多做準備，才能真正保護你。萬一事況變糟，至少你已經提前有所準備。

陷阱在哪裡？

千萬不要自己陷入文書工作的泥淖。律師花費六個月，為你準備私募資金的備忘錄，可能要收取五萬美元甚至更高的費用。雖然這些東西都不會讓你籌措資金更容易。然而，若我們自己花費幾個月撰寫商業計畫，又浪費幾個月建立預測和財務評估，這些忙碌的文書工作，只會讓你的資金籌募更顯得遙遙無期。

簡單易懂的簡報說明

對於私募資金，投資人總希望獲得一份資料豐富的備忘錄。因為份量越大，看起來就越認真嚴肅。然而，你越努力把那些資料做得很完備，就越容易聽到同樣一句話：「哇嗚，這些資料看起來真的很澎湃很有料！我會叫我的會計師和律師幫我看看。」

二〇〇〇年我創辦了一家公司叫「瘦子百萬富翁」。我那時候帶著一個平面美編，自己撰寫文案，做一份十二頁的簡報手冊，裡頭還附帶一些照片，就籌到了三百萬美元。那些正式的商業計畫或私募股權備忘錄之類的文件，我一次都沒做過。

還有人說，光是在餐巾紙的背面寫點東西，就能籌到資金。比方說二個人坐在咖啡廳，創業家直接在餐巾紙背面洋洋灑灑勾勒出事業大概，而對面的投資人則是一字不漏地入心入腦。我們的「餐巾紙」是經過 Photoshop 處理的，而且每一頁都做足了重要業務的介紹和說明。我們把這種簡報叫做「餐巾紙摘要」。

這種餐巾紙摘要，我會先寄出一百份，然後才開始制定商業計畫。這時候就會有投資人開始打電話過來說：「哈囉！我要加入，我喜歡這個點子。這是我看過的最棒的商業計畫！」

其實，這還不算是商業計畫，只能說是招商小冊。如此這般，我就籌到了三百萬美元。

保密協議

有些人在分享商業點子前，會要求我簽署保密協議。當有人要我簽保密協議時，我就會叫他們不要告訴我這個點子。各位會發現，許多經驗豐富的投資人都是這樣。其實這種保密協議就像是一種警告。

或許有人會認為，要求投資人簽署保密協議，是我們唯一的保護。然而，這麼做的意思就是說，這個點子大家都會偷去賺錢啊。所以你想要籌募資金開始事業，就會很困難了。反而是通過市場驗證、獲得客戶回饋的點子，才會吸引金主追逐。

要向專家學習

各位的創業如果已經發展到可以跟私募股權基金或創投公司對話的程度，務必要少說多聽，多多請教。我過去跟這些人碰面開會，總是能學到一些東西。

這種等級的投資人，大多數是企業家，他們通常創辦了一家大公司，再把它賣給適當的人。創業投資基金投資一家公司時，他們會介入公司經營，不僅僅是作為投資人而已，往往也是公司的管理顧問。這些投資人都是我接觸過最聰明的人。你光是跟他們見個面、聊一聊，就能改善你的願景與業務規畫。所以務必保持開放態度，隨時傾聽他們的批評和意見。就算他們沒興趣投資你的事業，多聽聽他們的意見也是非常值得的，因為你會學到很多東西。

透過結構增加價值

對於我們的投資提案，有許多結構方法可以提升投資人的安全，建立潛在優勢。雖然這麼做對於商業點子的價值提升有限，但可以增強投資吸引力。

當你開始經營小生意，需要一百萬美元時，第一步就是拿出公司一些股權賣給投資人。你出售的股權，通常是普通股。但其實你還有其他選擇。例如發行優先股、債券，也可以發行可轉換公司債，這些變化形式都有助於籌募資金。你也可以發行認股權證或是股票選擇權。

發行普通股必須根據公司註冊所在地的州政府法規，但發行優先股則是由你自己決定權利和義務。包括法人投資機構、風險創投家、私人投資者和私募股權公司，通常只會購買公司的優先股，因為這種股票才能符合他們想要制定的投資規則。風險創投家可能會說：「那好吧！我們會投資貴公司一千萬美元，但我們投資的是優先股，未來公司如果出售時，我們要比普通股股東先獲得一比五甚至是一比十的報酬。」

公司如果售價為一億美元，這樣盤算當然是沒問題。但你若為了籌集一百萬美元，後來卻只以一千萬美元的價格出售，那麼這一千萬只能先支付給優先股的股東，普通股股東一毛錢也分不到。

我比較照顧早期投資人，所以在下一輪籌措資金時，我通常會給他們換股權利，讓他們可以把普通股轉換為設計結構更清晰、更有利的優先股。那些風險創業投資家雖然不喜歡我這種作法，但他們還是會吞下去。你也可以一開始就提供優先股來籌措資金，不是出售普通股，那就要像風險投資人一樣寫明分配規則。

你也可以選擇以債務形式來籌集資金，只支付投資人利息。投資人第一年可以獲得資金報酬，第二年債務到期時，他們可以要求收回本金，或以特定價格轉換為股票。如此安排會讓投資人更有安全感。當然，萬一公司最後破產的話，金主還是血本無歸。不過若公司破產，債務償還是優先於股權。因此公司被清算之後，在普通股股東獲得任何東西之前，債權人有權優先分配剩餘資產。

你可以在網路上搜尋到曾經售出的金融商品，從中學習一些很棒的想法。有些是網路上天使投資人提供的工具。你會發現一些出色的股權設計，能夠發揮籌募大量資金的結構優勢。有時候吸引投資人注意的，是資金結構的設計，而不是商業點子本身。

知道自己什麼時候可以領薪水

各位如果才剛開始創辦小企業，在真正開始有收入之前，只能透過親朋好友的資助籌錢。通常這時候你不會領薪水。如果你一開始就想領薪水，對那些專業投資人來說，可能會把這一點視為警訊。

但如果你在進行的是需要籌募大量資金、需要歷時一二年才能執行的事業，你就必須把自己的薪水考慮在內。可不要為了幫企業找錢，把自己搞到破產啊。事實上我們都要賺錢，才能維持生活。所以你要心安理得領薪水，不要為此感到抱歉。

了解其中的利害關係

那麼，現在我們就回來談談募資籌款上應該注意的警訊。籌募資金會帶來巨大風險。我現在說的可不只是投資人承擔的風險，而是你籌募資金時要面對的風險。

大約十年前，我有個拍電影的想法，當時投入七萬美元。那時候有很多投資人想投資這項專案，但這專案我想自己做。這項專案用了七萬美元，拍了一些鏡頭之後，我發現這個點子實在不怎麼樣。最後我取消了這項專案。雖然之前的投資全部白費，卻讓我鬆了好大一口氣，如釋重負。

那時候如果讓自家姐妹投入資金，或讓朋友投資的話，我就不得不告訴他們錢全部賠光啦！不然，我就要為了保護別人的投資，繼續做一件我自己覺得很糟糕的專案。

你每次籌募資金，都是拿你的名譽、友誼和精神投入冒險。這些投入在精神和心理上是如此地沉重。

我在本章開頭說過為《國土之上》籌錢拍片的故事，只說了前半段。因為當時還能籌到更多資金，所以我把預算從八十萬美元提升到一百七十萬美元。這讓人想起大衛·莫尼卡那句令人難以忘懷的話：「要考慮的不只是能不能做到，而是應不應該去做。」

我們當時邀請好萊塢製片廠參加試映，試映是在我們的代理商洛杉磯創意藝術家經紀公司播放。試映會反應很好。第二天，製片廠的電話接連打來：「我不敢相信這部影片會讓我這麼感動。但我們後來討論了好幾個小時，還是決定不買。」

大家都說這是一部好影片，可是沒人會花錢去電影院看。因為這部影片太過生猛，現在上映還嫌太早。

後來我把它賣給獅門影業，價格遠遠低於我的預期。電視轉播權我賣給真實電視台，後來又賣給國家廣播公司。

我那時候以為這部電影會以二百萬到五百萬美元的價格售出。結果並沒有。我最後讓投資人賠了錢。我不但虧掉之前投資人的錢，也讓一些之前從沒投資過電影製片的投資人賠錢。這個錯誤就是我拿了那些不該拿的資金。

當時我給所有投資人打電話，報告獅門影業交易的結果，其中有位投資人非常生氣：「他們只付給我們這麼一點錢嗎？還會有人付錢吧！」我很確定他到現在還很討厭我，但這是我的錯。因為那時籌錢太容易，所以我拿了一些不該拿的錢。

籌措資金的風險對我來說是如此沉重，因此我的目標是累積足夠資源，自己出錢做專案。後來我的確做到了。但即使如此，有時候我還是需要求助於投資人。在籌資過程中等於打開一扇門，它會改變心理和情感上的利害關係。

就像大衛．尼莫卡總是勸我說：「那些該做的事情你就好好把它完成，然後為成功做好準備，也必須為失敗做好準備。就算碰上強風逆襲，也要能夠睡得心安理得。」

這可是殘酷的事實，我從中學會在每次開始籌募資金之前，不管我要怎麼籌措資金，來自專業投資人或透過群眾募資，都要先仔細考慮清楚。

透過群眾募資是一種完全不同的作法，我們下一章就要來討論這種方法。

第十二章
群眾募資

在你所有的廣告和訪談中，你所寫的和說的，都只針對一個接收者。
（來自傑夫的筆記本）

其實早在蘋果出產手錶之前，就有派柏手錶上市了。但最後還是蘋果手錶勝出，而派柏手錶則被 Fitbit 公司收購。剛開始的時候，派柏手錶是群眾募資領域的先驅。我那時候在《華爾街日報》看到一篇報導，派柏已經透過 Kickstarter 募資平台籌措到二百萬美元，它原本的目標只有十萬美元而已。等到募資結束，他們在五週內就籌到超過一千萬美元的資金。

我當時正在拍攝一部片子叫《醫療公司》，就是那部關於整脊矯正療法的紀錄片，後來改名為《治療》。那時候我們正需要投資人，所以我讀到那篇報導後，認為群眾募資可能是我們解決問題的好方法。這是一部關於整脊按摩師的電影，如果我能吸引到觀眾，就能做得很好。

當我告訴製片人兼導演，我準備向群眾募資籌措資金時，他幾乎想直接辭職不幹。他認為我大概是瘋了，因為這種辦法根本行不通。「喔，天啊！」他一定是這麼想，「為我提供資金的人現在想做群眾募資，他一定是走到窮途末路，無計可施的地步了！」

後來我第一次在 **Kickstarter** 中籌募到二十六萬美元，那時拍攝工作仍在進行。我這一章會分享我向群眾籌募資金的過程和細節，我也會把自己發現的成功基礎一一列出。

群眾募款的二種類型

我在這一章要討論二種群眾募款。一種叫做捐助眾籌（donor crowdfunding）或獎勵眾籌。後來，在二〇一二年的創業募資法案（JOBS Act）定義出第二種方式：股權眾籌（equity crowdfunding），讓創業家可以透過眾籌活動向不特定大眾出售股票。當時最大的群眾募資平台之一的 Indiegogo，就是為了實現此一目標而設計的眾籌平台，不過因為立法過程延宕甚久才獲得國會通過，因此這家公司後來轉而承包捐助眾籌。

我現在要談論的，都是捐助眾籌或獎勵眾籌的作法。你可以把它看做是透過公共電台廣播系統，來為自己的新創公司尋找資金。

順便說一句，創業募資法案中的「JOBS」其實是「Jumpstart Our Business Start-ups」（開創新興事業）。名字取得和其功能相符。

吸引群眾

我常常碰到一些人說：「是的！我做過 Kickstarter 群眾募資活動，但它沒什麼效果！」或是「我做過 Indiegogo 的活動，但它沒什麼用。」

因為他們忽略眾籌的第一個關鍵要素：先有群眾！

從來沒有人說過：「我在 Kickstarter 和 Indiegogo 的網頁上一直找、一直找，想要把手上多餘的錢花掉，找到一些我可以支持的商品。」眾籌平台就是這樣的作用，創造一個大家可以找到交易的平台。

眾籌平台的基本機制在過去是違法的。原本法律規定，要是客戶使用信用卡購買商品，而你在三十天之內沒有發貨給消費者，就可能面臨詐欺郵件的指控。但現在的捐助眾籌讓我可以跟大家說：「雖然我們還沒開始拍電影，但這部電影我現在就可以賣給你！各位要等我一年後交貨，而你們現在就可以參與創作過程。」我做的就是既可以先賣商品給大家，又不會違反詐欺郵件法規。

但眾籌平台不會自己提供你要的群眾。我學到的是，要讓眾籌活動成功，你必須做的第一件事，就是先在自己的社群敲鑼打鼓宣傳。

過去我為《醫療公司》在 Kickstarter 做群眾募資活動時，我臉書上只有五百個網友。因此，我在開始募資之前，就先去尋找更多網友，包括我的老朋友、整脊按摩師、我的社群網友。我還查看那些網友的網友的網友，向那些名字後面帶有「整脊師」的臉友，發送加好友的請求。因為我邀請太多不認識的網友，臉書曾經二次暫停我的帳號活動二十四小時。幾週之後，我的臉友數量增加到二千個，其中一千五百位新朋友都是整脊按摩師。

你也要找到自己的方法來建立社群。你想跟我一樣使用硬碰硬的方法嗎？或是透過病毒行銷？透過第一種方式，我鼓勵所有早期捐助者和整脊椎按摩療法學校的同學分享這次活動。畢竟，我規畫中訴求的對象就是這些人。

你透過臉書廣告，可以找到想要的社群嗎？你可以做一個特定主題的測驗，利用它來糾集臉書上你要尋找的社群，這則廣告大概會以每人五毛錢的成本來建立一份名單。你也可以設計一封請願書、某種競賽，或是設定某種獎項來做到這一點。

不管我們採取什麼方式募資籌款，都要在活動開始之前收集名單。

選擇策略

我認為眾籌活動可以分為三種不同的類型。第一種是我最喜歡的重大任務。比方說阿奇德公司的太空望遠鏡就是最好的例子，這種望遠鏡可以讓孩子在教室裡操作。這項活動後來籌募了超過一百五十萬美元。最讓我著迷的是，這家望遠鏡公司背後是由十位億萬富翁所創立，例如伊隆．馬斯克、傑夫．貝佐斯和理查．布蘭森，這些人根本不需要我出錢來支持他們的事業。但他們依然把它當做是一座需要翻越的小山。他們在吸引群眾參與重大使命的訴求上，做得非常出色：「我們一起完成一些與眾不同的事物，這是我們任何人都無法獨力完成的重大使命。」

派柏手錶則屬於第二類：吸引群眾想要擁有它。在 Kickstarter 和 Indiegogo 上，這種作法都很成功。你如果能提供大家都想要的革命性產品，投資人就會提供資金，想得到那樣產品。不管是酷酷小冰箱、新手錶、最新無人機，都屬於這一類，都有一些群眾說：「我要買！」

最後一種比較麻煩：叫做酷小孩（Cool Kids）。我們最常使用這種方法為電影籌資：「哈囉！你們這些最酷的年輕人，一起來參加聚會吧！我們現在就邀請你！」這是利用他們害怕沒趕上新玩意、錯過時代新潮流的恐懼心理。我們傳達的訊息是：出錢捐助的人，才能提升自己的社經地位。

你的推銷員

我現在知道，眾籌活動最重要的元素是那支宣傳影片。不是說你要拍出多麼專業的影片，但它就是你的推銷員。你的眾籌網頁如果能帶起流量，上頭那支影片就能幫你推展銷售。

影片夠不夠好，就要看它能否提供轉化（transformation）。事實上，無論什麼行銷文案，最重要的就是轉化。要讓大家思考，如果沒有你們的產品，我現在的生活會變成怎樣？這跟產品功能或產品優勢無關，而是我若讓這產品成真，我會成為什麼樣的人。

酷酷小冰箱是由個人成長教練兼知名作家布蘭登・布查的大學同學所創建。布蘭登想幫他的忙，所以他提供一些獎勵來做行銷。獎勵中有一項是只要花五千美元，就可以參加十人小組的布蘭登訓練課程。當時布蘭登講座課程的費用大概是一場五萬美元，所以這可是撿便宜的好機會。

就我來看，這次活動似乎很成功。他們籌募了超過十萬美元。在眾籌活動中能達到六位數字的資金已經相當不錯。只是這項活動籌募到的資金，大都是衝著布蘭登的獎勵來的，與真正的主角酷酷小冰箱無關。

所以他認為這簡直是一場巨大的失敗！因此，他們又重新拍攝促銷影片。這次沒把重點放在小冰箱的功能上，而是提供轉化訴求：擁有這東西會讓你成為聚會的焦點、會讓你成為聚會的主角，你會享受到最棒的家庭野餐。各位想想看，一旦你擁有這套小冰箱，生活就會變得多麼美好！

後來他們重新發起募資活動，採用相同的策略，只是重新製作影片，最後就籌募到超過一千三百萬美元。

你的超連結網址

我們做的第一個眾籌活動，是拍攝整脊按摩療法的紀錄片。在影片促銷推廣期間，我受邀參加一些podcast和廣播節目，也在一些整脊按摩療法研討會上發表演講。我直接站在台上請求聽眾的支持，但要在現場跟大家廣告「kickstarter-dot-com-forwardslash-medical-link-dot-3-7-8-4-6-9」這麼長網址，恐怕很困難吧！誰記住這麼複雜的網址！

因此，我們設定一個簡單的超鏈結，對外廣發募款網頁。我現在都使用「chiromovie.com」網域，並把它設定自動轉向到Kickstarter募款網頁。我在簡報促銷時直接說「chiromovie.com」，大家就知道要去哪裡參與活動，最終都能找到我的網頁。

WIIFM

製作行銷影片和文案時，想像一下自己正在收聽一個名為「WIIFM」的廣播電台。「WIIFM」的意思是：「這裡頭對我有什麼好處？」（What's In It For Me）這就是我們時時刻刻都必須關注的重點。

大家一聽到要向群眾募資時，都以為自己像個拿著杯子的乞丐，說著一些愚蠢的話，例如：「你能幫幫我嗎？我的目標就是要做這個。我們真的很想把它完成！」募款變成了哀求。

但我們要做的，剛好相反。這是群眾募款行銷的基本常識。我們要做的，是一次又一次地回答讀者和網友的問題：「參與募款對我有什麼好處？」你也要問自己：「這對投資人有什麼好處？我們能不能提升他們的地位？能不能讓他們在朋友面前看起來更神氣？讓他們像個精明的內行人？我們能為他們解決問題嗎？我們讓他們感到與有榮焉嗎？我們是否正在改變他們的生活？」

除非你能夠回答這些問題，否則你做不出什麼成果。我則是常常這麼告訴大家：「加入偉大的使命！或加入史詩目標！加入我們的事業！」不要去問別人：「你要幫我嗎？」這種設定是以社群或群眾為集體目標，並不只是我自己的目標。

保持一致

我認為影片和行銷文案的訊息必須保持一致，這點非常重要！我們必須提出同樣的主張，講述同樣的故事，運用同樣話語來號召。我們必須真心誠意地告訴捐款人，我們會怎麼運用這筆資金，對於那些超出籌募目標的資金又會如何處理。你要預期會有哪些反對意見，回答常見的問題。大家一定會有疑問的，這時必須回答他們。

以個人身分參與

推展行銷活動的人，常常以為要把電子郵件製作成看起來像是從零售商寄出的精美郵件。但如果你仔細想想，自己會閱讀的電子郵件，通常都是來自朋友的郵件，而且是指名道姓寫給你的。所以我們的促銷郵件也應該採用這種方式。

不要在電子郵件中加入圖檔，保持個人對個人的對話方式，不要以為自己在對一群人說話。所以別說什麼：「哈囉，大家好！」而是要說：「哈囉！馬克，我有最新的情報要告訴你！」像這樣以個人身分和個人對話，就像我們平常跟朋友說話一樣。

提供獎勵

我第一次做募款活動，最蠢的事情就是提供T袖獎勵。這種作法看起來好像很合理吧：你捐助二十五美元，就能得到一件T袖！T袖的成本也不高，而且似乎帶來不少加值效果。但真正做了之後就會發現，我們必須訂購大量T袖，還要分別準備許多型號：特小號、小號、中號、大號、特大號，還要準備充足的T袖庫存，才能應付活動所需。你還會遇到一些沒註明型號的客戶，要跟他們用電郵來來回回地詢問。最後，又要處理運送的問題，簡直就是一場惡夢！這樣就把原本的數位化互動又變成實體化了。贈送電影海報也一樣，郵寄筒包裝的成本是印製海報的十倍！

所以你要儘量簡化，把捐款獎勵也一併數位化。

大處著眼

你募得的資金，有一半會來自最大的獎勵措施。例如拍電影的話，我們會設定出資五千美元，就可以掛名製片協助，出資一萬美元則是執行製片人的頭銜，殺青和首映派對都會邀請你來參加。

你必須提供一些高價值的物品，因此要花點時間等待巨大的收穫。我用五萬美元吸引到五位執行製片，又用五千美元吸引到十位製片協助，如果我是設定小額捐款，則需要很多筆錢才能湊到這筆資金。你現在很缺錢，但不代表你的觀眾也很缺錢啊。這世界上總是有些人想要黃金、白金，也願意出錢購買。

小處著手

最後，在選擇獎勵方面，少即是多。這跟獎勵的數量無關，而是獎勵分層的問題。這是有實際測試的證據支持的。那些腦子混亂的人不會來買單，他們看到一大堆的選項會卡住。我要是太有創意，任意添加一個又一個的獎勵，會讓那些願意出錢捐助的人，搞不清楚自己想要哪種獎勵，選擇變成苦惱，最後他們什麼都不要了。

播下種子

在群眾募款活動開始的時候，我就知道要向那些會捐款的人做宣傳。我採用的方法是這樣的：去找十個、二十個、五十個或一百個朋友說：「我現在要做件大事！我要在七月五日正式發布眾籌活動，各位來捐個五塊或一百塊都可以，也可以選擇你喜歡的任何獎勵。你當天願意來捐款支持我嗎？」然後第二天、第三天，我們會繼續找朋友來支持，因為群眾募款的關鍵就是持續展現動能。

派柏手錶一開始的目標只有十萬美元，《華爾街日報》一報導時，他們已經籌募到二百萬美元。這時候，捐款人害怕的不是拿出錢來，而是錯過這次機會。

募款動能不會自己出現，必須靠你在旁煽風點火。

大衛的智慧 奉獻的祝福

大衛是個摩門教信徒，他說話聲音很大，也很有力量。不過他說那麼多話又那麼大聲，有時會惹得人家生氣。在他的教會中，有一位先生就不喜歡他。大衛就是會讓他生氣，我能理解這一點。

有一陣子，那男人心臟出了毛病。因為大衛是那一區最有錢的，所以主教找上大衛，問他是否願意捐贈十萬美元的心臟移植費用。

「我願意啊！」大衛說，「但有些事情你這邊要先做。」

「首先，不要那麼懶。在教會中找最有錢的人付錢當然是最容易的。但你也要做點工作。首先是去找他的家人，讓他們有機會做出奉獻和付出，享受奉獻帶來的祝福。然後去找大祭司團體的每一位成員，我希望他們每一位都有機會做出奉獻和祝福。最後不管還缺多少錢，我都會寫一張支票補上。」

那位獲得心臟移植的人，永遠不知道大衛為他花了多少錢。不過一年後，他打電話給大衛，要求見他一面。

「大衛，」他說，「我必須承認，你以前讓我很惱火。我曾經在你背後說你的壞話，甚至編造一些不真實的謊言。我現在想跟你坦承，並請求你的原諒。」

大衛當然原諒他。那人離開時，還是不知道他剛剛懺悔面對的人，就是捐助他移植心臟手術的大善人。

趁勢而起，迎風高飛

眾籌活動經常出現U形走勢：剛開始時反應很熱烈，然後急劇下降。等到活動接近尾聲，反應會再次回升。對於這種狀況，我們應該考慮其中的二個含義。

首先，我們不必驚慌，而是要跟著趨勢走。捐款週期自有它的上下波動，不要緊迫盯人，成天關注，而是讓它隨著自然趨勢浮動。你要知道，這是一條漫長的U形曲線，所以不必因為它正處於谷底就擔心。這時可以透過電郵讓群眾隨時了解狀況，根據你的進展向他們提供建議，讓他們知道你到了什麼階段，提醒他們把握時機，明智參與活動。讓整個活動自然呼吸，而不是一味請求大家趕快捐款。

第二：讓波浪趨勢為你服務。眾籌活動的上限通常是六十天，很多人因此設定整整六十天都是活動期，這就錯啦！我們發現把活動期縮短為三十天效果更好，因為如此一來U形曲線就會收緊。

最重要的是，我們原本設定為三十天的活動，隨時可以根據需要延長為六十天。有需要就延長啊！你可以透過電郵告訴大家：「因為活動進展順利，欲罷不能，因此將再延長三十天！」因此，募資活動在延長期間又會出現一組高峰值，比原本開始和結束的二個高峰值又多了一組。我們發現這麼做的話，幾乎可以讓募款成績增加一倍。由於募款活動延長期限，讓整場資金籌募充滿了動量，就會有此驚人表現。

回聲效應

我之前曾設定過一個簡單的超鏈結「chiromovie.com」，把它連結到 Kickstarter 的募款網頁。募款活動結束後，這個超鏈結還是可以讓你的行銷活動保持動能。

我在 Kickstarter 募款活動結束前一週，就在另一個募款平台 Rocket Hub 註冊申請相同的募款活動。這個平台的功能跟 Kickstarter 差不多，因此等 Kickstarter 活動在午夜結束時，我們馬上就把超鏈結改到 Rocket Hub 的募款網頁。所以任何網友點閱連結時，就不會被帶去已經到期的 Kickstarter，而是連結到最新的 Rocket Hub 網頁。在接下來的二週，我們又從那些比較晚參與的客戶那裡籌到七萬美元。

各位仔細看的話，桌上到處都是錢。不要把它們留在那裡呀！

公關活動

展開募款活動後，馬上會收到很多公關公司的訊息，十則、十五則，甚至一百則都有可能。這些訊息通常是這樣開始的：

「哈囉！我看到你的網頁，對這個活動很感興趣，我們喜歡你正在從事的活動！」通常就是這種制式信函，他們想要賣給你一些聽起來很棒的東西：「我們手上有許多電郵清單，可以幫你發布出去，真正幫你推廣活動！」

其實這種方式我沒看過有什麼效果，所以這筆錢各位就省省吧！

如果你已經聘用公關公司，我自己就有，那麼你要做的是在募款活動成功後，才開始推展公關活動。如果一開始就運作公關活動來增加網頁流量，卻沒有多少人真正拿出錢來投資，那麼這套行銷活動等於是失敗了！大家一點開網頁看到成果不怎麼樣，就會想：「唔，根本沒多少人出錢嘛！我也不是個白痴。」

再回來談談派柏手錶。《華爾街日報》的報導，讓他們的募資活動從二百萬美元提高到一千萬美元。如果那篇報導是在只有募集到三萬美元時就刊出，很可能不會產生多大效果。

歐巴馬策略

歐巴馬二〇〇八年的競選活動，是臉書廣告的傑作。這是政治競選活動第一次運用社群網站進行有組織的資金籌募，而且做得很成功。

他們那時候做的一件事，就是說服大家捐款五美元。這麼做的結果，大家的捐款可能會超過五美元。但人性就是會維持一致性，既然過去已做出正確決定，就會堅持下去。這種人性趨勢已有多項研究證實。

所以一旦開始捐款五美元，活動的目標就是吸引網友持續樂捐，直到捐款達到最高的二千五百美元。所以他們開始寄發電子郵件，推動第一筆捐款的金額提升。

我會在募款活動應用這種策略，添加一些新獎勵。我一旦收集到捐款五美元的名單，就會開始想辦法讓他們繼續捐款二十五美元、五十美元、一百美元甚至是五百美元的東西，這些都是運用一開始收集到的名單就能辦到的。一旦他們真正掏錢捐款後，對他們的工作可不是這樣就結束啦！而是應該更努力地深入挖掘。

配套資金

我曾經做過一次募款活動，吸引了一位金主，她主動聯絡我。後來她直接捐贈二十萬美元給我，因為這已經變成她想要完成的專案。當時我們的募款活動已經結束，但募資的金額還不足以完成這部電影。

等到開始拍攝後的三十天，我們再次發布另一場募款活動。這時我就直接詢問捐贈者是否可以用她的二十萬美元作為配套資金。因為不管如何，那筆資金就是要讓我運用的。我告訴那些有捐款意願的投資人，他們每投入一美元，就有一位金主願意出錢搭配捐款，等於我可以獲得二美元。

後來我們總共展開四次募款活動，籌措到七十萬美元。

那時候我聽到 Indiegogo 的創辦人說：「哇嗚，我不知道同一部電影，竟然可以做四次募款活動耶！」

我回答說：「我自己也不知道啊！」但我的想法是，你要把漁竿放到水裡才會釣得到魚。如果漁竿不放進水裡，就永遠不可能釣得到魚啊。

這種配合投資策略總是能提升募款金額。所以，這是你可以找朋友贊助的重要任務，你認識的朋友當中肯定會有人支持你。你可以拿他們的資金來配合捐款活動，這等於是一個錢當二個來使用。

受害者的信

我們曾經針對某個爭議主題展開募款活動，當時我們發給媒體的新聞稿，比過去的受到更多的檢視和關注。我們的新聞稿如果內容沒有註明原始資料來源，美國企業新聞通訊社甚至不願發布我們的資料，這還是我們付錢請他們發布的新聞稿！

後來我在電郵上寫了一篇「受害者的信」，向大家描述我們如何受到攻擊。各位請記住，我其實是在建立一個社群，這封信就是寫給社群的網友，敘述我們如何遭到不公平的封鎖與攻擊，使得我籌集拍片資金的活動受到阻礙。後來我們的捐款增加了六倍。

大家很習慣對負面的事情做出回應。對於人性的這一面，我非常不喜歡，但這就是事實。過去五十年來，共和黨一直利用這一點來籌募資金，這方法比民主黨更有效率。你如果同時收到過共和黨和民主黨的電子郵件或紙本信件，比較一下你就會察覺這一點。民主黨很愛談政策，我們需要更好的學校啦！更好的醫療保健啦！所以要籌募資金。而共和黨人總是用受害者做為主題來批評他們：「要拒絕社會主義者完全接管這個國家，就是要靠各位捐款五美元！」不過現在民主黨也開始學會這一套了。

我不喜歡說出這一點，但我們都要考慮到人性的負面因素。

募款之前、之中和之後

大多數人在募款活動開始「之前」，表現都非常好。例如要怎麼建立清單、如何模擬雙方的對話、如何吸引大家來瀏覽網頁、又該如何完成交易等等。

當群眾為你的募款活動掏錢後，他們的腦海中會開始一輪新的對話：「我是不是做錯了？我這樣買單像個傻瓜嗎？」這時候我們就要與他們對話了，進行一場新的溝通。這些人都是我們可以依賴的推薦者，我們可以問他們：「你會跟朋友分享這個重要的活動嗎？你會考慮在活動期間在臉書上貼文貼照片嗎？」其實這個世界還有許多你還不認識的朋友，因此要盡己所能地動員自己的社群網友。

募款活動結束後，一定要把獎勵儘快送到捐款人手上，讓大家感到滿意。如果你的電郵清單上有二萬人，出錢贊助者雖然只有一千人，那麼未來這幾年，這一千人對你來說，會比其他表示興趣、卻毫無行動的一萬九千人更具百倍價值。這一千人就是你的狂熱粉絲，是你的支持群眾。你一定要善待他們，他們會讓你的事業更加興旺。

再來要考慮的問題，就是怎麼建立事業。

第十三章
玩更大的遊戲

一切的成長都是從真實開始。

（來自丹．蘇利文）

我每年都會選擇一個主題。有一年是想要賺錢：我做了好多事，花很多時間，卻不賺錢。因此，那一年的基本重點，就是如何有意識地把我正在進行的工作變成金錢。

我在二〇一六度過悲慘的一年，連拍三部電影都賠錢。我對朋友派崔克．葛譚波說，我要努力讓財務狀況恢復正常。派崔克現在也是我的合夥人，他說我需要加倍努力，而不是專注在金錢上。因此，我那一年的主題就是設定目的。之後果然讓我回到正軌。

我二〇一九年設定的主題來自傑伊．亞伯拉罕的問答對話。我之前也談過傑伊，他是一位行銷大師，隨時都能提出真知灼見。有一次，聽眾中有人舉手問傑伊，這位聽眾的銷售員賺的錢，大都是透過回頭客的採購。現在他設定成長的目標，他該如何吸引新客戶上門？

「我要怎麼鼓勵銷售人員，不要再依靠回頭客呢？」那人問道，「我應該降低他們的佣金抽成或有什麼辦法嗎？」

結果傑伊的回答出乎他的意料之外，連我都沒想到。

「對於新訂單，」傑伊說，「為什麼不支付百分百的佣金呢？甚至是百分之一二○？為了鼓勵他們開發新客戶，把新訂單賺的錢都分給他們嘛！」

當時那位生意人對回頭客是支付百分之三十的佣金。「這個我們辦不到，」他說，「我們付不起那麼多佣金啊。我們需要利潤才能讓公司繼續運轉。」

「對你來說，抓住那個新客戶比拿到第一筆訂單更有價值，」傑伊反駁說，「而且那個客戶對你也比對那個銷售員更有價值！你的員工很會利用回頭客，所以你應該想像一下，要是你能抓住一千個新客戶，又會增加多少回頭客。」

「你關注遊戲的視角，必須比銷售人員站得更高。」傑伊說，「你先讓他們贏得他們那場遊戲，而你要下的是之後更大盤的棋！」

那次會議結束後，這句話一直在我的腦中回響縈繞。

要怎麼下一盤更大的棋呢？為什麼我只能製作那些一百萬到二百萬美元的電影，而其他人卻在製作五千萬美元甚至是一億美元的電影？他們正在玩的遊戲，跟我不是一樣嗎？只是我玩的這盤棋規模小得多了。

這就是我去年的主題：我要怎樣才能玩一場更大的遊戲？我不認為理查·布蘭森比我聰明一百倍，而且我們每天花一樣多的時間在工作。他的工作量也不是我的一百倍。事實上，從我跟他接觸的經驗來看，他的工作量似乎比我還少，只是他在玩一場更大的遊戲。

啟示

我認識羅恩·切勒，他是位迷人作家也是企業家，他把一切都看做是一場遊戲，整個世界就是個遊戲場。他玩遊戲是為了贏，他特別喜歡高報酬、高風險的遊戲。他把生活也當做是一場遊戲，把生意當作一場遊戲，羅恩一輩子都在玩遊戲！

當羅恩邁向八十歲的路上，他正在接受胃癌治療，辛苦得像是在跑一場馬拉松。他七十多歲時身體一直很健康，到了年屆八十，醫生告知癌症復發，並且已經轉移。他不得不接受治療，因為生命可能只剩下幾個月。到最後只剩二週時，他住進了安寧病房。我當時有個朋友喬．波里斯特別搭飛機前去會見，跟他一起錄製最後一場 podcast。事實上，這等於羅恩在向大家告別。一週之後，喬．波里斯打電話給羅恩的太太詢問他的近況。

他正在參加高空跳傘！

因為後來他兒子來看他：「老爸，你現在是在幹嘛？你不是那種輕易放棄的人啊！我認為你不應該放棄！」然後他們就一起去玩高空跳傘。

羅恩後來認為，覺得自己快死了也只是一種個人想法而已，所以他離開安寧病房，自己規畫一些加強營養的飲食方案，增加運動鍛鍊，然後開始跟病痛比輸贏。他說這是自己玩過最讓人振奮的遊戲，也是一場最重要的遊戲：不繼續活下去就是死亡。

六個月後，我帶著攝製小組採訪羅恩，了解他怎麼玩這場讓人興奮的人生遊戲，如何玩這場畢生最大的遊戲。後來，我們又帶他到山上拍攝他玩滑翔翼。

羅恩後來活到八十二歲，比原先的二週多了二年。這二年他完成許多事，甚至還寫了一本書，這些都是他玩一場偉大遊戲的成果。

可怕的第一步

二〇一九年中期，我們和阿果拉金融公司（Agora Financial）合作，共同發布《金錢揭祕》系列紀錄片。這套影片在第一年就帶來五百萬美元的收入，其中三百萬美元來自影片發行，我們透過一些電郵機構推廣宣傳，並給予百分之五十的佣金；另外二百萬美元收益則來自後續研討會與課程的影片銷售。對於這個結果我們都非常滿意。

我後來飛到巴爾的摩跟阿果拉幾位高層開會，他們提出一項建議：除了這個系列外，他們希望製作另一個系列，這次不靠前端的影片發行賺錢，而是把所有籌碼放在後續的研討會及課程上。根據他們的分析顯示，後續研討會及課程非常有價值，所以前端發行稍稍賠點錢沒關係。因此，他們希望向電郵清單公司提供百分之百甚至是百分之二百的佣金，從影片訂購資料建立比平常銷售多五倍到十倍的客戶清單，利用電郵名單來做研討會及課程推廣。

他們的財務模型顯示，這可能是個三千萬至五千萬美元的專案，而不是只有五百萬美元的系列紀錄片，但我們在發行初期可能要承擔四百萬美元的虧損。我們發行這系列影片不但無法賺進數百萬美元，反而可能要先負擔二百萬到四百萬美元的損失。

好消息是他們展現合作誠意，願意先承擔這項損失。

後來我搭飛機回家時，在飛機上才意識到這項專案有多可怕。影片拍好後不但沒賺進數百萬，甚至要先承擔好幾百萬美元的虧損才能開始賺錢。對於電郵清單公司，我們通常支付百分之五十的佣金。這個比例一旦提高，日後就很難再降低。我們現在正在考慮的，是做出產業上的革命性舉動，對當前商業模式深具破壞性。現在等於是要放出瓶子裡的精靈，萬一這套方法無效，要再把那隻精靈收回瓶裡可就難啦！

後來我告訴派崔克這件事，他也有同樣的反應：有沒有辦法既可在發行時賺錢，後續的研討會與課程再賺進更多錢呢？難道當前的商業模式和這套新想法無法並存嗎？

那天晚上我整整想了一夜，隔天早上一起床就打電話給派崔克。

「這六個月來，」我說，「我們一直問要怎麼玩一場更大的遊戲？現在我知道答案來了。我們要玩一場更大的遊戲，就是要先破壞現在已經成功的遊戲！因為你的腳要是死死踩在一壘，絕對無法跑回本壘。」

派崔克聽完之後就笑了。他那時正在寫一本叫做《你的立場就是你的品牌》的書，他剛交稿第一章，而這就是它的主題。

他在書中描述麥迪遜公園的故事，這家餐廳被評鑑為世界上最好的餐廳。但他們在得到米其林三星的榮譽後，老闆反而把店收了，甚至把以前用的鐵鍋全部熔化。後來他又從頭開始經營餐館。現在各位去麥迪遜公園吃飯，你跨過的門檻台階，其中有一層就是用那些熔化的鐵鍋澆鑄而成的。

派崔克才剛剛寫完這則故事，沒想到我們馬上就能運用在自己身上。他完全可以接受這個概念，只是一時之間忘了。

實現飛躍成長

要達到飛躍成長，玩更大的遊戲，共有二種方式。

第一種是無意識的參與。想像一顆即將孵化的雞蛋。蛋裡有一隻成形的小雞，而雞蛋原本是它知道的唯一世界。現在，蛋裡的資源已經耗盡，空間變得狹窄擁擠，又熱又小，甚至連空氣都變得有毒。在小雞決定啄破蛋殼、進入這個世界之前，牠一定歷經了類似死亡的邊緣。我就見過一些企業家是被動地拖進另一場更大的遊戲。

第二種方式，就是派崔克和我所做的：自己決定是時候玩一場更大的遊戲了。但不代表我們現在就有資格玩得更大，只是我們現在要更密切關注這場更大的遊戲。我們問自己：這場遊戲是什麼樣子？我要怎樣才能玩這場更大的遊戲？

就某方面來說，你自己也是沒得選擇；只是何時採取行動的問題。在我看來，如今大風吹的音樂已經響起，大家都朝椅子奔去，有些人會搶不到椅子。現在的我要嘛玩更大的遊戲，要嘛承認自己只能被擠到邊緣。商業的本質就是如此。

最常見方式就是一步一步踩進去，在事業上採取合理步驟，一步接一步地向前邁進，順理成章就玩起了更大的遊戲。成功的餐廳可能會開設第二家分店，然後第三家，這就是它更大的遊戲。業主可能用加盟的方式擴張規模，這一切都要合理經營，合乎邏輯地一步又一步持續擴大。

但我最喜歡玩的大型遊戲，是指數型的成長。這受到我的商業教練丹・蘇利文的影響。他和企業家合作時發現，讓他們把業務擴大十倍比擴大二倍更容易，也更有利於業務發展。你如果只是想讓企業規模加倍，找出優化的方法就可以了。但若想直接擴大十倍，就不可能只是按部就班進行優化。因此，要解決這個問題，你要有完全不同的思考方式。

學會說不

在我製作《金錢揭祕》的同時，我也正在跟另一位合作夥伴討論製作另一套金融紀錄片系列。我們在討論時，他說：「如果無法合理期待做到一千萬美元的發行，我們無法承擔足夠的促銷活動，而且我們一年只能做五檔，要達到一年五千萬美元的目標，至少每檔都要做到一千萬美元才行。」

我掛上電話後開始思考。為什麼他一次就設定一千萬美元的門檻，而我卻只想到那些合理期待一百萬或二百萬美元的專案呢？而且，如果不能做到一千萬，他就不想接這種專案了嗎？

為什麼他要設置這麼高的門檻，而我只設定那麼小的目標？

要大要小確實都是一項決定，我們可以決定專案的規模。

要玩大型遊戲，就是對小型遊戲說「不」。事實上，如果你要玩大型遊戲，最簡單的方法就是對那些阻止你玩遊戲的障礙說「不」！

心理障礙

如果你不先面對自己的心理障礙，就無法玩更大的遊戲。畏懼和障礙就在我們內在的作業系統中。它可能來自童年創傷，可能是來自你媽媽的叮嚀：「不要好高騖遠！」可能來自先生或太太埋怨：「你憑什麼一意孤行？」也可能來自經理：「這是我聽過的最愚蠢的想法！」

我們都會對自己施加這些心理障礙。我曾經跟一位治療師一起努力，請他幫助我控制體重。他說，「既然你這麼愛吃，為什麼不吃到二百八十公斤呢？」

我說：「不會吧！這太荒謬了。我怎麼可能重到二百八十公斤！」

「那好吧，」他說，「你為什麼不會重到一百四十公斤呢？」

「不行！那也太胖了。」

他的重點是，像我這樣因為某些原因，身上多了二、三十公斤並非不可能。雖然我對食物缺乏控制，但我腦子裡還是有個調節器。我只要知道有這個調節器，並學會調整它。

我們的大腦也有關於收入、企業規模、擁有多少員工的調節器。有時候你要問問自己：你的調節器是什麼？你給自己設定多少限制？要如何排除這些限制？

大衛的智慧
阿特金斯博士飲食法

有一次大衛開始採用阿特金斯飲食法，我去他家看他時，他對控制結果感到非常興奮。他先是向我展示最近褲子寬鬆了不少，然後又揮手叫我跟他進浴室，踩在磅秤上說他如何減掉了十五公斤。

那時候我覺得他很厲害。因為我自己也曾採用阿特金斯飲食法，但沒什麼效果。

「這不難啊！」大衛說，「我就一直按照飲食書上說的去做，有些人也成功了。既然我做了那些應該做的事情，我就可以合理期待這個結果！」

許多人在節食塑身方面都失敗，而且失敗了很多次；我就是其中之一。我甚至沒意識到自己已經形成一種潛意識的信念：對別人有效的節食對我一定無效，所以我在開始之前就輸了。然而，大衛為我指出了另一種不同的心態，這個心態此後一直伴隨著我：如果我做了正確的事情，就可以合理期待結果的到來。

這種心態也可以應用到生活的其他領域。我們經歷事件衝擊後，往往會失去信心，但只要你相信自己做了正確的事情，就可以期待正確的結果發生。事實上，大衛說的並非一定會成功，我也不會這麼說。但如果你連自己會成功都不敢期待，你怎麼會成功呢？

培養技能

戴爾·卡內基有許多培養友誼和影響他人的技巧課程，華倫·巴菲特是他的忠實粉絲，這也是他給大學生和想要在商業上取得成功的人的第一個建議。

戴爾·卡內基課程最厲害的技巧，就是幫助那些害怕公開演講的人克服障礙。課程提出的首要任務，就是要好好做準備。他沒有指定學生要演講什麼主題，而是讓他們自己選擇熟悉的主題。關於你要說什麼其實並不重要，你想說一隻狗的故事也可以。但他會叫學員做足幾個小時的準備。當學員站起來發表演講時，他們知道關於這個主題，再也沒有人比他們更適合了。

你必須對自己誠實。一旦自己確定要玩一場更大的遊戲，就要先問問自己欠缺哪些技能，並儘快學會，解決問題。也許你需要的是更高明的籌款技巧。如果你有能力籌募一百萬美元，當然是比籌募一萬五千美元強得多。但如果你能培養出籌募一千萬美元的技巧呢？或甚至學會籌募一億美元的技巧呢？

建立關係

遺憾的是，索尼娛樂公司的總裁至今還沒想過跟我傑夫．海斯做什麼交易。如果我想跟索尼娛樂公司交易，就要先去跟他們發展關係。

建立更多關係的最佳方式之一，是透過慈善機構穿針引線。你如果認識一些自己產業或其他業界最成功的人士，你會發現，他們都是一些慈善機構的董事會成員。

我有個朋友凱西．史密斯，是健身運動界的大師，打造了強大的品牌，在一九八〇年代賣出價值五億美元的健身器材。她看起來比實際年齡年輕二十歲。凱西幾個女兒都就讀洛杉磯最好的馬伯勒私立學校。這是一所女子學校，凱西全力投入校務推廣，幫助學校籌組募款工作，也擔任學校董事。

凱西曾告訴我，有一次在董事會上，查理．蒙格提出的建議讓她印象非常深刻。蒙格是巴菲特的常年夥伴，很多人從全球各地搭機飛過去，就是為了坐下來聽他發表意見，無論什麼主題都好。而我的朋友凱西和蒙格在馬伯勒學校董事會一起任職多年，也為學校貢獻出許多自己的時間。凱西也在比利．珍．金恩基金會擔任董事多年。當我對她的人脈深廣感到驚訝時，總會想到：因為她把時間投入在有價值的事情上，才會認識那麼多重要的人。

把擴展人脈當作是一種技巧，我也覺得有點尷尬，但這是事實。如果你也願意把時間奉獻給重要的事情，真正投入參與這些董事會，你才會遇到這些本來永遠沒機會認識的人。這些人都在玩更大的遊戲，他們可以幫助你提升層級，讓你做同樣的事情。

當然，就算你在各種合適的董事會擔任董事，也做了所有正確事情，並不代表成功之路就會又直又簡單。我自己這條路當然不是這麼好走。要在商業上取得成功，就像在生活上取得成功一樣，都要面對許多複雜而不斷變化的挑戰。對此，我把它視為在迷宮中尋找導航，我會在下一章跟大家分享我學到的一切。

第十四章
迷宮導航

你的船如果只停在碼頭不開出去，那你哪兒也去不了。

（來自傑夫的筆記本）

我曾跟大家說過擔任壁板推銷員的日子。那時我二十一歲左右，已經結婚生小孩，住在德州阿馬里洛。我那時候跟我的搭檔雷德，每天早上十點鐘離開家門，開車到一些小鎮的農場，喝完咖啡後就開始沿路敲門做生意。我們會一直敲門，直到約到三戶人家，讓我們晚上過去展示我們的產品。

我那時還不知道自己這輩子想做什麼，但我知道不會是這份工作。我記得那時我告訴雷德：「我想要一間辦公室，想要一張桌子，還要有一間會議室，也要有幾名員工。我想去邁阿密、去紐約、去倫敦，而不是去德州這些小鎮。」我知道自己要什麼，但不知道自己要做什麼生意才好。

我前幾天不得不早起跟一位倫敦的製作人通話時，又想起這件往事。我們剛剛收購鹽湖城一座一萬平方英尺的錄音室，配備四十英尺的拍片綠幕和一間很大的監控室，而且還有一間會議室。

從壁板推銷員傑夫，到環遊世界各地拍片的製片廠老闆與電影製片人傑夫，當然不是一條直線畫出來的。但如今我已經站在這裡。以前我也以為自己只是在兜圈子，但事實上並非如此。這一切都是在迷宮中一步一腳印踩出來的歷程。

你如果身處迷宮之際，也會一直兜圈子，一個接一個的轉角，轉到自己不知身在何處，等到停下來時，才發現自己進入了死胡同。然後必須退回原路，重新開始。就是這樣一次又一次、一回又一回。我的職業生涯就是這樣走出來的，它不是一條直線，甚至也不是一條迂迴環繞的路線，而是在迷宮中找出自己的路。

那麼，我們又該怎麼辦呢？我們要怎麼從這裡到那裡？除了繼續邁出腳步，一步又一步地踩下去，能走多遠就多遠，否則還真的沒有其他辦法了，而且，永遠都要有走回頭路的心理準備。

對於這麼多互相矛盾的悖論，我希望你已經做好準備，誠實面對，因為這也是迷宮的一部分。

失敗要趁早……

我們每件列入日程表的專案、每個向市場推出的想法，都必須把它們看成是二種不同的測試，擁有各自的目的。

第一種是贏了、成功了！我們就要繼續走那條路，這是自己要小心保留的東西。

第二種就是失敗，快速失敗！失敗就是學習，透過失敗才能收集資訊，判斷下一步該踏向何處。

這二種經驗都很有價值，也都是勝利，會讓你儘快找到正確的道路，穿越迷宮。

……但勝利要緩慢求勝

賽車手的目標是以**最慢**的時間，第一個衝過終點線。聽起來似乎違反直覺，但我們的目標絕對不是用最快的時間衝過終點線，因為這只會消耗更多資源。如果你只要在任何人之前衝過終點線，不管你是成功還是失敗，都沒必要消耗許多不必消耗的資源。你不想跑得輪胎冒煙起火吧，也不想這樣燒掉自己的引擎吧。你確實是想衝出重圍，奔向終點線，但也要想一想這樣做值得嗎？

我先前在書中曾談到一個重要概念：「最小可行產品」。用最簡單的作法推向市場，讓市場告訴我這個想法是否可行？我之前也談過Pod健身，我們對外發布之前，添加一個又一個的功能，把我每個好點子都加上去，結果整個應用程式變得非常複雜，這就是不切實際的作法。等到我們真正發布之後，才知道其他百分之九十的功能根本沒人在意，這些功能可是我們團隊死催活趕才做出來的。

像這樣的作法就是一直在消耗資源，最後就有可能失敗。

大衛的智慧
四個標準

大衛經常跟我說的一件事：「傑夫，你所有的交易可以都先經過你老婆那一關。你可能因此錯過一些好交易，但也會避開所有的壞交易。」

大衛在決定出手之前，會有一套自己的選擇標準。他會先問四個問題：

這筆是一筆公平交易嗎？

這筆交易誠實無欺嗎？

這筆交易符合道德嗎？

還有，這筆交易有其必要嗎？

這四個問題中，如果有一個的答案是否定的，他就不會出手。交易必須對所有參與者公平，而且誠實。當然，有些事情儘管公平誠實，也不一定真正符合道德。就算是公平、誠實和道德的事情，也未必真正必要。

大衛設定這麼高的標準，所以他拒絕過許多機會。我相信大多數人在退休後也會意識到，他們在商業上最大的錯誤，可能就是那些他們本該拒絕、卻任其發生的事。

規畫你的一整年

我們都學會規畫一年的進度，好好利用寶貴的時間與資源。我都是在十二月開始規畫明年進度，但計畫本身還是會有改變，因此一年中也會重新檢討三、四次。

我們把一年分為四季，每季都要規畫一次重要的促銷活動。這是從營收的角度來計畫，把全年視為一頂帳篷，需要四根腳柱支撐，所以每季剛好一個。這些規畫可能是電影製作方面，也可能是網路上的重大促銷專案。不過這還不是我們每個月的穩定收入。

我過去常常憑感覺做決定，但現在我更清楚自己要根據哪些因素做決策。我們開發一種判別方法，幫助我們決定帳篷的四根腳柱要做什麼。

注意M和P

這套判別方法是運用七個M和二個P。我和搭檔派崔克從企業家娜歐米．懷特那裡借來四個M，以此做為建構的基礎，娜歐米是Twinlab膳食補充劑公司的前總裁。我們利用電子表格製作系列標準，排列我們的M和P值標準，然後表頭列出年度專案，讓每個專案的M值和P值一目了然。

第一個M是「利潤（Margin）」，也就產品成本與售價的差額。如果產品成本三美元，售價十美元，那麼利潤就是七美元。利潤越高，這個專案的評價就越高。

第二個M是「動能（Momentum）」。我們必須找出市場趨勢是什麼、可以做怎樣的病毒式傳播？單獨一項專案可能有很大的利潤，但它需要抓住時代的趨勢才能發揮作用。以前在基因改造食品議題非常流行時，我拍過一部關於基因改造食品的影片。當初雖然符和時代潮流，很有動能，但後來情況出現變化。基因改造食品漸漸退潮，趨勢不再向上走。風向有變，時機已經不對，所以我們為此專案動能打上分數。

第三個M是「重要性（Materiality）」，說的是訂單的平均價值，也就是交易價值。同樣一部紀錄片，我們可能以七十九美元賣出，也可以二百七十九美元賣出。如果能以更高的價格賣出一半的量，就能賺到更多錢，因為訂單平均價值有所提升。這就是重要性。

（為什麼選用「materiality」這個字〔譯按：有「物質特性」的意思〕做為標籤呢？因為娜歐米想湊用M字母，我們也是。這說起來容易做起來難，所以湊到七個M之後就變成P了。我們已經很努力了！總不能湊到三個就放棄吧。所以請大家多多包涵。）

第四個M「市場規模（Market Size）」。我們希望提升訂單平均價值、希望提升利潤率。但如果不能擴大市場規模，這一切還值得繼續努力嗎？所以必須搞清楚可能會有多少客戶對這個產品、想法或電影感興趣？

第五是「市場通路（Market Access）」。對我們來說，就是能不能在臉書上找到客戶，因為透過臉書就可以便宜地接觸到客戶。要是市場很大、動能很高、訂單很多、利潤豐厚，但市場集中不起來，過度分散，這也會對影響到產品的成功。我們可以在臉書上對客戶做廣告嗎？使用 Google 關鍵字廣告找得到客戶嗎？當初我製作《基督揭祕》系列紀錄片，是因為我看到有六千八百萬人自稱是虔誠的基督徒，我們透過臉書就可以用低廉成本接觸到他們。

第六個 M 是「乘法（Multiply）」，表示影片發行後的後續銷售潛力。要找到客戶的成本可不低，因此必須確定後續是不是還有合理管道繼續為客戶提供一些東西，並且從中獲取利潤？像基因改造食品的電影，它的答案即是否定的，發行時雖有利可圖，但缺乏後續，難以為繼。我們製作《金錢揭祕》的原因之一，是它可以吸引對投資和房地產感興趣的觀眾。而且影片發行後還可以繼續銷售許多研討會、金融課程甚至大師班培訓等等高價位產品。這套影片在發布時也獲得不少利潤，並且後續的乘法潛力更是超乎尋常。它在市場通路方面雖然得分較低，但後續潛力讓它成為我們做過最成功的系列之一。

第七個 M 是「意義（Meaning）」，這不是商業因素，而是生活因素。也就是說，這套產品對我來有什麼意義？它所評估的，是我們對這個專案懷抱多少熱情。我每次拍影片都要花一年時間完成。因此，如果不是我自己關心的議題，我早晚會覺得筋疲力盡，甚至連個人生活都會受到影響。如果這套專案對我們沒有真正的意義，就算其他幾個 M 的分數很高，我們還是不會去做。

最後這二個P對我的業務來說可能是獨一無二的。這二個標準對你的事業也許合適、也許不合適，所以你自己要弄清楚如何應用，或要拿哪些其他的標準來替代。

第一個P是指「兩極化（Polarizing）」。我們很早就想出一個口號：「利潤往往兩極化。」對我們來說，這表示要選邊站，也就是要有自己的立場。我的合夥人派崔克就剛剛出版了一本書叫《你的立場就是你的品牌》。有很多企業家想取悅所有人，但如果你是百事可樂或可口可樂，或是個控制一半市場的大型經銷商，也許就無法承受客戶兩極化的後果。因為你不想排除掉另一半的客戶。

不過我們開始新專案時，市場占有率本來就是零。因此主要任務不是想要獲得一定比例的市場占有，而是先選擇要為其中的此方或彼方提供服務，搶先建立一個由支持者組成的社群，探索其中更多利潤。我們實際上就是必須辨識兩極化的此端與彼端，哪一端可信度較高，再選擇那一端。

這套方法根據產業的不同，對你的事業可能適用、也可能不適用。你如果是剛剛起步的創業者，我一般會建議你坦白表明立場，也明白展示自己的立場和信仰價值。這是招喚你所屬社群最簡單的方法。

我的第二個P即是「生產效率（Production Efficiency）」。在專案拍攝期間，我可能要跑許多場會議或研討會，進行影片中預定的採訪。比如說，我會去參加一些醫生會議，在那裡會有上千名醫生聚集討論同一個主題，那麼我就可以利用這個機會，在飯店房間進行採訪拍攝，有時一週就能完成二十次採訪，這種密集採訪的費用，如果是專程搭飛機到某個特定地點，大概只能完成四次採訪。這種飛到特定地點卻只採訪一人的作業方式，非常耗費資源，我們戲稱為「單點擊發」，跟這種參加研討大會、趕熱鬧搶拍的「霰彈槍」模式完全不能比，後者的效果好得多了。

在我們完成評分列表時，也會針對某些狀況設定加權比重。例如針對某個特定主題，兩極化因素對我來說有多重要？據此再加總評分。我們在這個過程中可能會檢視二十個不同的主題，但我們只需要選擇四個，也就是每季一個。這四個主題專案，就是今年的收入支柱。

提高標準

如果你那頂帳篷每根支柱設定為一萬美元，那麼明年要創造的營收就是四萬美元。到了下一年，我們會提高標準：希望每季促銷活動能帶來十萬美元的收入。當然不能就此止步，還要繼續向前。

以前做一次促銷活動能達到十萬美元我就很高興了。但現在我們每季支柱的銷售額至少要達到一百萬美元。當然如果能到二百萬或三百萬美元更好。我們的想法是，隨著事業體慢慢擴大，到最後每一季必須做到一千萬美元才行。

找出關鍵事項

一旦設定好每季支柱的促銷活動，你就可以排定明年想要製作的專案，按照每季進度來進行規畫。

一般會發生的情況是，甚至可以說總是會發生的情況是，你對於那些想要完成的小型專案感到興奮，把它們大部分都塞進第一季裡頭。結果你的日程表會讓你忙得像個無頭蒼蠅：「我們需要完成這件事！我們現在就需要完成這件事！現在就必須完成！」

所以我們對於行程的安排必須有所平衡。我要問的第一件事是：在所有這些事情中，哪一件事最重要？如果我們現在就要做，行程上的哪件事情先搞定，會讓其他事情變得更容易？在這裡頭總會有一、二件關鍵事務。如果我們先把它們搞定，那麼其他事情甚至不必做，或至少也會變得更容易處理。

所以，我都儘量把最重要的事情排在第一季。把第一季搞定後，其餘一整年就是一場接著一場的勝利。先把重大事件搞定，就會覺得整年度都完成了，真的！那些可以排在後面幾季的事情，成功的機會都會因此增加，場場都是勝算。

要找誰來做？

接下來，我們檢視這份行程表，我們不是要問「怎麼做？」而是問「找誰做？」我之前說過一位商業教練丹·蘇利文，他每天只做三件事。那三件事做完之後，他一整天的工作就結束了。所以那三件事都是最關鍵的重要任務，而他只做那些最重要的事情，其他一切自有專人負責。

所以，你回顧一下自己的年度規畫和其他計畫，為每個專案找到一個人來負責。那些專案就由他們全權負責，不是為你而做，而是由他們自己創造、控制和負責那個專案的所有結果。你要扮演的角色就是每週跟他們見面一次，檢查他們的進度。萬一他們碰上一些需要協助才能消除的障礙，你要伸出援手，幫助他們擺脫困境。但整個專案的成敗還是由他們負責。

這就是透過分權負責達到乘法效果，就像細胞透過分裂倍增一樣。我在查看規畫清單時，會問的第一件事是：「我現在手上有哪些人？有誰正在跟我一起工作？我還可以找誰來幫我？」要是我自己還沒找到滿意的答案，我會再問：「有誰可能是潛在的合作夥伴？」找到合作夥伴後，雖然我只能賺到一半的錢，但我可以做十倍的工作啊！透過他人的參與合作，我的利潤雖然要分給合作夥伴，但總數卻會增加。

我第一次和羅傑．漢彌爾頓合作就是這樣。他運用色卡為經營者分門別類。如果你在黃色區域，那麼你基本上是個鉅細靡遺、大小事情都要自己搞定的企業家。要把事業做大的唯一方法，就是從黃色走向綠色。你要從黃色走向綠色，就要找到一些同樣是黃色的企業家，把專案分配給他們，讓他們全權去控制那些任務。如此一來你才可以指揮一支管弦樂隊，而不是自彈自唱，所有樂器都要一手包辦。

這樣分權非常重要，對一些企業家來說也很難做到。像我們這種人常常會自己騙自己。我當初向羅傑列出一整年的規畫，說：「這就是我邁向綠色的一年！」

「不對，」他說，「你還是那隻黃色的八爪章魚。你還是包辦一切事情，只是透過一些人來做這件事。你必須徹底放棄控制權，讓那些人實質控制專案才行。」

他說得一點都沒錯！

我常常根據直覺來決定要拍哪些影片，對自己判斷風向的能力充滿信心。這些選擇其實也是透過七個M和二個P的標準來決定的，只不過是在我自己的腦子裡進行。我不是被那些標準逼迫，而是為了提升自己的利益，透過它們進行選擇。但我的評選標準有點散慢又隨意，並沒有加以系統化進行。

我喜歡同時做很多件事，那些正在思考的專案，讓我最興奮。但這種方式並不好，因為熱情會隨著時間消退或流蕩。我就像著騎著小木馬朝著四面八方衝來殺去的小男孩。

後來我都把這些點子寫在紙上，讓自己儘量保持一致和徹底。其實大家都只有二種有限的資源，就是金錢和時間！而我們之所以進行一年的規畫，就是想要好好保護這些資源。

調整！

「在跟敵人第一次接觸後，沒有任何作戰計畫可以留存下來。」這是十九世紀普魯士毛奇元帥的智慧名言。商場上也是如此。

我們每年都會重新檢視年度計畫三、四次，也不覺得這有什麼不適當的。事實上，能夠進行修正才好！我想說的是，我希望管理團隊都能這樣隨機應變，不怕碰上變化球。因為變化球一定會出現，關鍵是你要怎麼應對它。

結論

擁有創業大腦是福還是禍？答案當然是件好事。

整本書中，我都跟大家分享我生活上和商業上的偉大導師，大衛．尼莫卡的一些智慧故事，最後在此離別之際，我還想再跟大家分享更多鼓舞人心的例子，展現他的許多天賦，以及如何充分善用這些天賦。然而，在大衛生命的最後階段，他卻變得越來越狂躁。那些讓他能夠成大事、立大業，甚至完成不可能的事情的內在動力，顯然已經失去控制。

他的家人尋求專業協助，希望他接受藥物治療。大衛原本拒絕，但最後還是答應去看精神科醫生。醫生也曾開過幾種緩和憂鬱的精神藥物。然而在他過世的前二天，大衛對一個好朋友說，他已經認不得自己，他無法想像這些藥物就這樣摧毀他的內在。我們現在才知道，服用這些藥物確實會有自殺傾向的風險，尤其是服用一段時間後準備斷藥時，自殺風險最大。

二〇一一年，大衛七十一歲時結束了自己的生命。

他的家人在訃聞中寫道：「我們的父親是每個人的朋友，他天生就會鼓舞人心，為大家的生活帶來歡樂，不管是和大家分享口香糖，或慷慨大方買些生活雜貨送給一些陌生人。」大衛不只關注商業上的成功，他更關注自己對他人的生活有什麼影響，從他對一生摯愛的妻子英格麗的奉獻，到他對器官捐贈事業的投入，再到他的「兒童節傳奇冒險」。大衛的兒子們寫道，他終身信守「家庭第一、沒有第二」的人生信念。

那麼大衛的創業頭腦是福還是禍呢？我想是一份福氣。

我也是如此，謝家華也是，或許你也是。

如果你擁有一副創業大腦，你才有能力成就一些偉大事業。你可以發家致富，又能運用財富讓世界變得更加美好。但你也可能因事業衝撞而失去財富和家庭，甚至是你的健康。

我這本書就是要跟大家分享我的學習和理解，讓你們知道管理創業大腦其實是攸關生死的大事。

以大衛死亡的例子來說，事實上許多孩子在教育上也都經歷種種折磨，因為這套教育模式只想培養優秀的工廠工人。所以他們在學校以為自己壞掉了，為了在學校取得好成績，他們必須吃藥，必須被改造成跟原本不一樣的人。

當然，支持這套模式的人也有一套說法。若缺乏道德框架和人生導師，我們這些具有創業大腦的人可能要承受許多折磨，遭遇極大的損害。監獄裡就擠滿了一些認為一般規則不適用於他們的人。

我在本書第一部分，跟大家分享自己身為創業家的生存之道，以及我的經歷見解，你必須學會接受失敗是人生必然的一部分，要接受一些看似充滿悖論與矛盾的現實，也談到一些實務概念上的錯覺。我還談到了真正雙贏的價值和本質、談到真正的最終財富是什麼，也就是你的技能和人脈關係。

在第二部分中，我們轉而探討行銷與銷售、如何與人合作，介紹一些推動業務發展的工具，也有籌募投資者資金與進行群眾募款等的實踐操作，讓各位在迷宮航程上有所引領，學習發揮更大的作用，玩一場更大的遊戲。

我希望這二部分能結合在一起，幫助大家更加深入管理創業大腦的強大優勢和它黑暗的一面，同時為各位提供一些指導，建立能夠改變世界的企業。你身上或許已經具有這些創業特質，不管是好是壞，善用潛力就能帶來一些他人難以實現的改變。

過去每一年我幾乎都會收到大衛寄來的一封信，裡面印著一首威爾．鍾果爾的詩〈造橋者〉。你可以上網查看這首詩的內文。這首詩講述一位老人奔向「浩瀚、深邃、寬廣」大河的創舉，無懼流淌著「陰沉潮水」的危險河流。經驗豐富而明智的老人，在暮色中渡過大河，抵達彼岸就開始搭建一座橋樑，連結二岸。

有人對他說：「你為什麼要這麼做？你都過河了啊。」

「我是過河了。」他說。「但還有一位年輕人跟著我，所以我要為他留下一座橋。」

我希望這本書也能為大家架起一座橋。你隨時都能跟我聯絡。但未必只限定於我。可以去尋找其他創業家和導師的幫忙。我們創業家正是推動世界經濟向前邁進的引擎，但我們必須努力工作，也需要兼顧自己和所愛的家人，工作與生活二者不可偏廢。

中英名詞對照表

人物

三至十畫

JJ·維金 JJ Virgin
大衛·尼莫卡 David Nemelka
大衛·盧恩 David Lewine
小鮑比·甘迺迪 Bobby Kennedy Jr.
山米·哈加爾 Sammy Hagar
山繆·傑克森 Samuel L. Jackson
丹·蘇利文 Dan Sullivan
比利·珍·金恩 Billie Jean King
毛奇元帥 Helmuth von Moltke
卡內基 Carnegies
史考特·艾爾德 Scott Elder
史考特·霍德曼 Scott Haldeman
史都·歐文 Stu Erwin
史蒂芬·柯維 Stephen Covey
尼爾斯·玻爾 Niels Bohr
布萊恩·崔西 Brian Tracy
布蘭登·布查 Brendan Burchard
平克·佛洛伊德 Pink Floyd
伊莉莎白·霍姆斯 Elizabeth Holmes
伊隆·馬斯克 Elon Musk
吉米·約文 Jimmy Iovine
吉姆·雷納特 Jim Rennert
吉格·金克拉 Zig Ziglar
安·庫爾特 Ann Coulter
安·蘭德絲 Ann Landers
安迪·威爾 Andy Weir
朵麗 Dori
艾佛雷德·史隆 Alfred P. Sloan

艾里斯・庫伯　Alice Cooper
艾咪・雷德福　Amy Redford
艾琳・泰勒　Erin Tyler
艾爾・理斯　Al Ries
艾瑪・惠勒　Elmer Wheeler
艾德・柯赫　Ed Koch
西恩・史蒂芬森　Sean Stephenson
伯尼・艾伯斯　Bernie J. Ebbers
佛羅倫絲・韓德森　Florence Henderson
克里斯蒂・法蘭克　Kristi Frank
克雷格・博南　Greg Bonann
希拉蕊・史旺　Hilary Swank
亞當・卡羅拉　Adam Carolla
彼得・蒂爾　Peter Thiel
東尼・索普拉諾　Tony Soprano
東尼・羅賓斯　Tony Robbins

法蘭・塔肯頓　Fran Tarkenton
金髮女郎　Blondie
迪克・凡帕頓　Dick Van Patten
迪克・莫里斯　Dick Morris
迪恩・傑克森　Dean Jackson
迪恩・葛拉喬西　Dean Graziosi
保羅・霍夫曼　Paul Hoffman
威廉・杜蘭　William Durant
威廉・瑞格利二世　William Wrigley Jr.
威廉・戴明　William Deming
威爾・鍾果爾　Will Allen Dromgoole
查理・蒙格　Charlie Munger
洛克菲勒　Rockefellers
派崔克・拜恩　Patrick Byrne
派崔克・葛譚波　Patrick Gentempo
珍・芳達　Jane Fonda

約瑟夫・坎貝爾 Joseph Campbell
約翰・休利特 John Hewlett
約翰・哈里 Johann Hari
約翰・錢伯斯 John T. Chambers
英格麗 Ingrid
娜汀・史卓森 Nadine Strossen
娜歐米・懷特 Naomi Whittle
格蘭特・廷克 Grant Tinker
泰迪・彭德格拉斯 Teddy Pendergrass
班克・漢特 Bunker Hunt
班恩・格林菲德 Ben Greenfeld
茱莉亞・羅勃茲 Julia Roberts

十一畫以上

理查・布蘭森 Richard Branson
莎莉・霍格斯海德 Sally Hogshead
陶德・懷特 Todd White
雪曼・韓絲利 Sherman Hemsley
雪莉・隆恩 Shelley Long
麥可・摩爾 Michael Moore
麥克・梅爾斯 Mike Myers
麥克・麥克羅維茲 Mike Michalowicz
麥特・戴蒙 Matt Damon
麥爾坎・葛拉威爾 Malcolm Gladwel
傑夫・渥克 Jeff Walker
傑伊・亞伯拉罕 Jay Abraham
凱文・科斯納 Kevin Costner
凱西・史密斯 Kathy Smith
凱西・科爾貝 Kathy Kolbe
凱姆・喀麥隆 Cam Cameron
凱特・梅里特 Kat Merritt
喀麥隆・哈羅德 Cameron Herold

喬・波里斯　Joe Polish
喬治・西佛曼　George Silverman
喬恩・杭茲曼　Jon Huntsman
喬爾・邦加　Joel Bomgar
喬爾・馬里昂　Joel Marion
奧斯汀・鮑爾斯　Austin Powers
愛德華・「納德」・哈洛威　Edward M. "Ned" Hallowell
愛德華・詹德　Edward J. Zander
楊百翰　Brigham Young
瑞克・薩皮奧　Rick Sapio
葛妮絲・派特洛　Gwyneth Paltrow
詹姆斯・希爾曼　James Hillman
詹姆斯・阿圖徹　James Altucher
路易斯・史波特利　Louis Sportelli
雷・克羅克　Ray Kroc

雷克薩　Rexall
雷德・麥克米蘭　Red McMillan
蓋瑞・哈伯特　Gary Halbert
蓋瑞特・岡德森　Garrett Gunderson
德瑞博士　Dr. Dre
德魯・曼寧　Drew Manning
潘・韓姆　Pam Helm
澤爾・米勒　Zell Miller
親愛的艾琵　Dear Abby
賴瑞・艾利森　Larry Ellison
戴夫・布蘭查　Dave Blanchard
戴夫・阿斯普雷　Dave Asprey
戴恩　Dane
戴爾・卡內基　Dale Carnegie
謝家華　Tony Hsieh
謝普・高登　Shep Gordon

瓊恩·康納 Joan Konner
羅伯特·克爾普 Robert Culp
羅威爾·福樂塔 Lowell Foletta
羅恩·切勒 Ron Zeller
羅恩·林區 Ron Lynch
羅傑·漢彌爾頓 Roger Hamilton
蘿拉·史列辛格 Laura Schlessinger

企業／組織

三至十畫

Pod 健身 Podfitness
Talk2 科技 Talk2Technologies
大衛·艾克斯商學院 David Eccles School of Business
天才集團 Genius Group
天才網路 Genius Network
心靈分享 Mindshare
世界通訊公司 WorldCom
史畢利航空公司 Spirit Airlines
生命時光電視台 Lifetime Television
生活社群 Living Social
甲骨文公司 Oracle Corporation
全食超商 Whole Foods
安莫雷 American Remodeling，Amre
安隆公司 Enron
百視達 Blockbuster
西爾斯百貨 Sears
西爾斯家用裝潢 Sears Home Improvement
作戰室 War Room
別克汽車公司 Buick Motor Company
投資工具公司 Investools

十一畫以上

凱普史東電影公司 Capstone Entertainment
創意藝術家經紀公司 Creative Artists Agency
惠普電腦 Hewlett-Packard
揭祕影業公司 Revealed Films
普羅護膚 Proactiv
華頓商學院 Wharton School
塔可貝爾 Taco Bell
奧克蘭 Oakland
奧茲莫比爾 Oldsmobile
楊百翰大學 Brigham Young University
獅門影業 Lionsgate
節拍電子公司 Beats Electronics
聖塔菲鐵路公司 Santa Fe Railway
雷暴雲頂 Thunderhead

團購網酷朋 Groupon
網路貨運公司 Webvan
酷酷小冰箱 Coolest Cooler
德萊農場葡萄酒公司 Dry Farm Wines
歐羅斯多公司 Overstock
歐羅斯多拍賣網 Overstock Auctions
瘦子百萬富翁 Thin Millionaire
儲存營養 Reserveage Nutrition
營運長聯盟 COO Alliance

地點

白緣步道 White Rim Trail
西湖邊 Westlake
克洛維斯 Clovis
帕克城 Parl City
金色道釘 golden spike

阿馬里洛　Amarillo
威爾·羅傑斯州立海灘　Will Rogers State Beach
偉科　Waco
梅普頓　Mapleton
移民峽谷　Emigration Canyon
博維納　Bovina
普萊斯　Price
棉楊峽谷　Little Cottonwood Canyon
猶他州峽谷地國家公園　Utah's Canyonlands National Park
奧克蘭　Oakland
箭牌大樓　Wrigley Mansion
橘郡　Orange County
鹽湖谷　Salt Lake Valley

其他

《一千零一種職業生涯》　*1,001 Careers*
《一週賺進 300 萬！網路行銷大師教你賣什麼都秒殺》　*Launch*
《二〇二〇年危機投資》　*Crisis Investing 2020*
九型人格測驗　Enneagram Personality Test
《五輪書》　*The Book of Five Rings*
《天選之人》　*The Chosen*
卡波·懷波酒吧　Cabo Wabo
《失去聯繫》　*Lost Connections*
生酮飲食　ketogenic diet
《再多一點就夠了》　*More, Then Enough*
《危機四伏》　*What Goes around*
《她內心的百萬富翁》　*The Millionaire Within Her*

伯努利效應　Bernoulli effect

《你的立場就是你的品牌》　*Your Stand Is Your Brand*

《你的專屬魅力說明書》　*How the World Sees You*

《男孩生活》　*Boy's Life*

里爾二十四型　Learjet 24

帕累托法則　Pareto principle

《治療》　*Doctored*

《炒作華氏九一一》　*Fahrenhype 9/11*

《金錢揭祕》　*Money Revealed*

注意力不足過動症　ADHD

阿帕盧薩品種馬　Appaloosa

阿特金斯飲食法　Atkins diet

洛克希德 L-1011 型飛機　Lockhead L-1011

科爾貝指數人格評鑑　Kolbe Index Personality Assessment

《美國 VS. 安德列・諾曼》　*United States vs. Andre Norman*

《致幻藥物揭祕》　*Psychedelics Revealed*

原始人飲食法　paleo

唐吉訶德獎　Don Quixote

《海灘救護隊》　*Baywatch*

《真實的安東尼・福奇》　*The Real Anthony Fauci*

神經語言程式設計　neuro-linguistic programming（NLP）

《紐約客》雜誌　*New Yorker*

《財富突破》　*Wealth Breakthroughs*

《追逐吶喊》　*Chasing the Scream*

《國土之上》　*On Native Soil*

《基督揭祕》　*Christ Revealed*

《殺死聖牛》 *Killing Sacred Cows*
《異數：超凡與平凡的界線在哪裡？》 *Outliers: The Story of Success*
《被操縱的二〇一六年》 *Rigged 2016*
《速食遊戲》 *The Founder*
〈造橋者〉 *The Bridge Builder*
《揭祕基改產品》 *GMOs Revealed*
《童子軍生活》 *Scout Life*
《絕地救援》 *The Martian*
《華氏九一一》 *Fahrenheit 9/11*
《買下來》 *Bought*
《超級人類》 *Supermensch*
《週六夜現場》 *Saturday Night Live*
《黑道家族》 *The Sopranos*
《想好了就豁出去》 *Delivering Happiness*
《愛與藥物：擺脫創傷進入歡樂》 *Love and Drugs: Tripping past Trauma into Joy*
漂浮艙 float tank
《與成功有約：高效能人士的七個習慣》 *The 7 Habits of Highly Effective People*
閱讀困難 dyslexic
歐普拉效應 Oprah Effect
《魅力》 *Fascinate*
險峻海峽樂團 Dire Straits
獲利第一 Profit First
瀑布式開發 waterfall development
《醫療公司》 *Medical Inc.*
灣流三型 Gulfstream 3

The Entrepreneurial Brain: How to Ride the Waves of Entrepreneurship and Live to Tell About It
by Jeff Hays

Originally published by HarperCollins Leadership, an imprint of HarperCollins Focus LLC.
This edition published by arrangement with HarperCollins Focus, LLC., through BIG APPLE AGENCY, INC. LABUAN, MALAYSIA.

創業真希望有人告訴我的事

成功連續創業家的遇事心態×工作方法×資金籌募

作者　傑夫・海斯（Jeff Hays）
譯者　陳重亨
主編　劉偉嘉
校對　魏秋綢
排版　謝宜欣
封面　萬勝安
出版　真文化／遠足文化事業股份有限公司
發行　遠足文化事業股份有限公司（讀書共和國出版集團）
地址　231 新北市新店區民權路 108 之 2 號 9 樓
電話　02-22181417
傳真　02-22181009
Email　service@bookrep.com.tw
郵撥帳號　19504465 遠足文化事業股份有限公司
客服專線　0800221029
法律顧問　華洋法律事務所　蘇文生律師
印刷　成陽印刷股份有限公司
初版　2024年5月
定價　380元
ISBN　978-626-98570-0-5

國家圖書館出版品預行編目 (CIP) 資料

創業真希望有人告訴我的事：成功連續創業家的遇事心態 × 工作方法 × 資金籌募／傑夫・海斯（Jeff Hays）著；陳重亨譯 .
-- 初版 . -- 新北市：真文化 , 遠足文化事業股份有限公司 , 2024.05
面；公分 --（認真職場 ; 30）
譯自 : The entrepreneurial brain : how to ride the waves of entrepreneurship and live to tell about it.
ISBN　978-626-98570-0-5（平裝）
1. CST: 創業　2. CST: 企業經營　3. CST: 企業管理
494.1　　113005468